첫 선물을 준비하는 니터들에게

손뜨개
나의 첫 선물

임현지 지음

예신 BOOKS

인사말

"손뜨개, 나의 첫 작품"을 펴내고 몇 개월 만에 새로운 작품집을 발간하게 되어 기쁩니다. 원래 두 권을 시리즈로 기획해 원고를 완성했는데 "손뜨개, 나의 첫 선물"의 출간이 좀 늦어졌습니다. 그만큼 책 제작에 심혈을 기울였다고 생각합니다.

앞 책자가 기본 손뜨개 작품에 충실했다면 이번 책은 유행에 따라 금세 바뀌는 디자인이 아닌 오래 입어도 손색없는 기본 디자인을 바탕으로 기교와 멋을 더해 선물로 받고 싶고, 선물하고 싶은 작품이 되도록 했습니다. 선물로 주는 분도 받는 분도 기쁘고 감사함을 느끼기에 부족함이 없는 멋진 작품에 도전하여 완성하는 기쁨을 맛보는 데 도움이 되었으면 합니다.

이 책이 출간되기까지 도움을 주신 도서출판 예신Books의 임직원께 감사드리고, 오랫동안 함께 고생하신 촬영 작가, 일러스트레이터, 모델, 코디네이터와 연애사 대표님께도 감사드립니다.

임 현 지

추천의 글

손뜨개는 선물입니다.
실 한 올 한 올에 니터의 정성이 듬뿍 담긴 선물.
선물을 받고 감동할 그 사람을 생각하면
절로 미소를 머금게 되는 기쁨이기도 합니다.

임현지 작가의 신작 "손뜨개, 나의 첫 선물"은 니터들에게
선물 같은 책입니다. 오랫동안 손뜨개를 해 온
그녀의 깊은 내공과 손땀이 책 속에 고스란히 담겨 있기 때문입니다.

작가의 멋스러운 디자인이 어떤 이의 선물로
변신할지 기대됩니다.

니트러브 대표 조 성 진

Contents

초록색 하프코트

소매를 견장처럼 어깨까지 연결해 뜸으로써 사이즈가 프리하다.
진한 색실과 연한 색실을 혼합해 뜨고 끝단은 진한 색실을 사용하여
멋스럽다. 독특한 나만의 솜씨를 자랑하고 싶은 분들께 권하는
디자인이다.

완성 치수: 가슴둘레 121cm, 길이 75cm, 소매길이 53cm
재료 및 도구: 실 – 밀레니엄(진초록, 녹색), 줄바늘 4.5mm,
　　　　　　　돗바늘, 단추 5개, 밑실 조금
게이지(10cm×10cm): 29코 32단
뜨는 법: 28쪽

분홍색 스탠드칼라 재킷

양면 무늬뜨기로 뜨기에는 좀 복잡할 수도 있으나
완성하면 무늬가 예뻐서 뜨기를 잘했다는 생각이 들 것이다.
기본형 옷이지만 무늬로 인해 독특하고 화려한 느낌을 준다.

완성 치수: 가슴둘레 112cm, 길이 70cm, 소매길이 55cm
재료 및 도구: 실 – 5p 순모(분홍색), 줄바늘 4mm, 코바늘 5호, 돗바늘, 단추 12개, 밑실 조금
게이지(10cm x10cm): 30코 32.5단
뜨는 법: 36쪽

자주색 집업 카디건

슬림한 디자인에 지퍼를 달아 스포티함을 더한 옷이다.

완성 치수: 가슴둘레 101cm, 길이 50cm, 소매길이 55cm
재료 및 도구: 실 – 캐시미어 라이프(자주색, 검은색), 줄바늘 2.5mm / 3.5mm, 돗바늘, 지퍼 1개
게이지(10cm ×10cm): 35코 38단
뜨는 법: 42쪽

붉은베이지 집업넥 풀오버
높지 않은 목폴라에 앞에 지퍼가 달려 스포티한 느낌이 좋은 옷이다.

완성 치수: 가슴둘레 91cm, 길이 65cm, 소매길이 72cm
재료 및 도구: 실 – 505(붉은 베이지), 줄바늘 3.5mm / 5mm, 돗바늘, 지퍼 1개
게이지(10cm x10cm): 31코 31단
뜨는 법: 50쪽

소매 트임 블라우스

이 옷은 소매가 포인트로, 위에서부터 아래까지 트고 중간중간을
묶어 팔 라인이 살짝살짝 보이는 화려한 블라우스다.
신축성이 적어 입고 벗기 불편한 코바늘 레이스 뜨기의 단점을
스탠드칼라에 단추를 달아 보완했다.

완성 치수: 가슴둘레 97cm, 길이 58cm, 소매길이 57cm
재료 및 도구: 실 – 밤브(핑크 날염), 레이스 코바늘 2호, 단추 6개
게이지(10cm x10cm): 70코(무늬뜨기 A 2무늬+10코) 14단
뜨는 법: 56쪽

브이넥 박스 조끼

예쁜 무늬를 깔끔한 흰색 실로 떠서 다른 옷과 잘 매치해 입을 수 있는 브이넥 조끼이다.

완성 치수: 가슴둘레 100cm, 길이 58cm
재료 및 도구: 실 - 5PLY(아이보리), 줄바늘 2.5mm / 4mm,
돗바늘, 모사용 코바늘 2호
게이지(10cm x10cm): 32.6코 36.7단
뜨는 법: 65쪽

줄무늬 조끼

허리 라인에서 약간 내려온 옷으로 발랄한 느낌이 좋다.

완성 치수: 가슴둘레 90cm, 길이 49cm
재료 및 도구: 실 - 7PLY(베이지), 림보, 흰색 금사, 검정 금사, 줄바늘 4.5mm, 돗바늘
게이지(10cm x10cm): 33코 37단
뜨는 법: 68쪽

진한 황색 브이넥 풀오버

기본형의 브이넥 풀오버인데 바람이 쌀쌀할 때
폴라티에 청바지와 매치하여 입으면 캐주얼한 느낌이 좋다.

완성 치수: 가슴둘레 101cm, 길이 63.5cm, 소매길이 55cm
재료 및 도구: 실 – 빈센트(갈색), 줄바늘 4mm / 5mm, 돗바늘
게이지(10cm x10cm): 29코 34.5단
뜨는 법: 74쪽

날염 라운드 풀오버

기본적인 라운드 풀오버이지만 실의 색감으로
멋스러움을 풍긴다.

완성 치수: 가슴둘레 119cm, 길이 52cm, 소매길이 48cm
재료 및 도구: 실 – 림보, 검정 금사, 줄바늘 3.5mm / 4.5mm, 돗바늘
게이지(10cm x10cm): 무늬뜨기 A – 33코 26단, 무늬뜨기 B – 20코 38단
뜨는 법: 80쪽

오렌지색 줄무늬 풀오버

기본적인 라운드 풀오버이지만
과감한 배색이 멋스러운 옷이다.

완성 치수: 가슴둘레 103cm, 길이 54cm, 소매길이 53cm
재료 및 도구: 실 – 5P 순모(물색, 오렌지색), 줄바늘 3mm / 4mm, 돗바늘
게이지(10cm x10cm): 30코 34단
뜨는 법: 82쪽

프렌치 슬리브 풀오버
몸판과 소매를 연결하여 떠서
어깨 라인이 슬림해 보이고 활동하기 편한 박시한 옷이다.

완성 치수: 가슴둘레 97cm, 길이 55cm, 소매길이 50cm
재료 및 도구: 실 – 빈센트 2올(겨자색), 줄바늘 3mm / 4mm, 돗바늘
게이지(10cm x10cm): 30코 29단
뜨는 법: 90쪽

봄 풀오버

깨끗한 아이보리 색실로 짠 화려한 무늬가 기본적인
라운드 풀오버를 화사하고 예쁘게 만든다.

완성 치수: 가슴둘레 98cm, 길이 55.5cm, 소매길이 53.5cm
재료 및 도구: 실 – 5PLY(아이보리), 줄바늘 2.5mm / 4mm, 돗바늘
게이지(10cm x10cm): 32코 36단
뜨는 법: 94쪽

남녀공용 칼라 풀오버

앞을 터서 단추를 달아 캐주얼하고
스포티한 느낌이 드는 옷이다. 단추 여밈의 방향을 달리하여
남여 공용으로 입을 수 있는 디자인이다.

완성 치수: 가슴둘레 106cm, 길이 60cm, 소매길이 55cm
재료 및 도구: 실 – 인견마(카키색), 줄바늘 3mm / 4.5mm, 돗바늘, 단추 4개
게이지(10cm x10cm): 23코 28단
뜨는 법: 102쪽

검은색 반팔 풀오버

특별한 곡선이 없는 디자인인데
입었을 때 실키한 소재의 자연스러운 늘어짐이
여성스러운 곡선을 만드는 옷이다.

완성 치수: 가슴둘레 105cm, 길이 13cm, 소매길이 46.5cm
재료 및 도구: 실 – tape사(검은색), 줄바늘 4mm, 모사용 코바늘 3호, 돗바늘
게이지(10cm x10cm): 25코 40단
뜨는 법: 108쪽

색동 베스트

두께감 있는 소재라 양옆 솔기에 다트를 넣어
허리 라인을 강조했고, 여러 색을 배색해 화려하면서
캐주얼한 느낌이 좋다.

완성 치수: 가슴둘레 120cm, 길이 62.5cm
재료 및 도구: 실 – 505(베이지, 핑크, 노랑, 연회색, 자주색, 진자주색), 줄바늘 5mm, 돗바늘, 단추 5개
게이지(10cm x10cm): 23코 27단
뜨는 법: 110쪽

애플 쿠션

큼지막한 빨강 사과가 파랑, 연노랑과 대비되어 귀여운 쿠션이다.

완성 치수: 36cm x 42cm
재료 및 도구: 실 – 505 (파란색, 빨간색, 연노란색, 녹색, 연두, 갈색) 2올, 줄바늘 6mm, 돗바늘, 지퍼 1개, 솜싸개, 솜
게이지(10cm x10cm): 13.5코 15.5단
뜨는 법: 114쪽

아이스크림 쿠션

알록달록한 아이스크림이 달콤하면서도 포근한 분위기를
만들어 주는 쿠션이다.

완성 치수: 35cm x 42cm
재료 및 도구: 실 – 505(빨간색, 파란색, 보라색, 황토색, 연노란색,
　　　　　　　핑크, 갈색) 2올, 줄바늘 6mm, 돗바늘, 지퍼 1개,
　　　　　　　솜싸개, 솜
게이지 (10cm x10cm): 14코 15.5단
뜨는 법: 115쪽

돌고래 인형

코바늘 기본뜨기인 짧은뜨기로 예쁜 인형을 만들 수 있다. 품에 딱 안기는 사이즈라 쿠션으로 사용해도 좋다.
같은 콧수에서 실의 굵기를 달리하면 더 큰 사이즈나 작은 사이즈도 만들 수 있다.

완성 치수: 둘레 61cm, 길이 52cm, 높이 18cm
재료 및 도구: 실 – 로망(연보라, 흰색, 녹색, 회색), 모사용 코바늘 8호, 돗바늘, 검정 단추 2개, 솜, 리본
뜨는 법: 116쪽

Creamier
- CONTEMPORARY ART IN CULTURE -
New York
Basel
Hiroshim
London
Buenos
Aires
PHAIDON

도안 보기

초록색 하프코트

완성 치수: 가슴둘레 121cm, 길이 75cm, 소매길이 53cm
재료 및 도구: 실 – 밀레니엄(진초록, 녹색), 줄바늘 4.5mm, 돗바늘,
　　　　　　단추 5개, 밑실 조금
게이지(10cm x10cm): 29코 32단
작품 사진: 8쪽

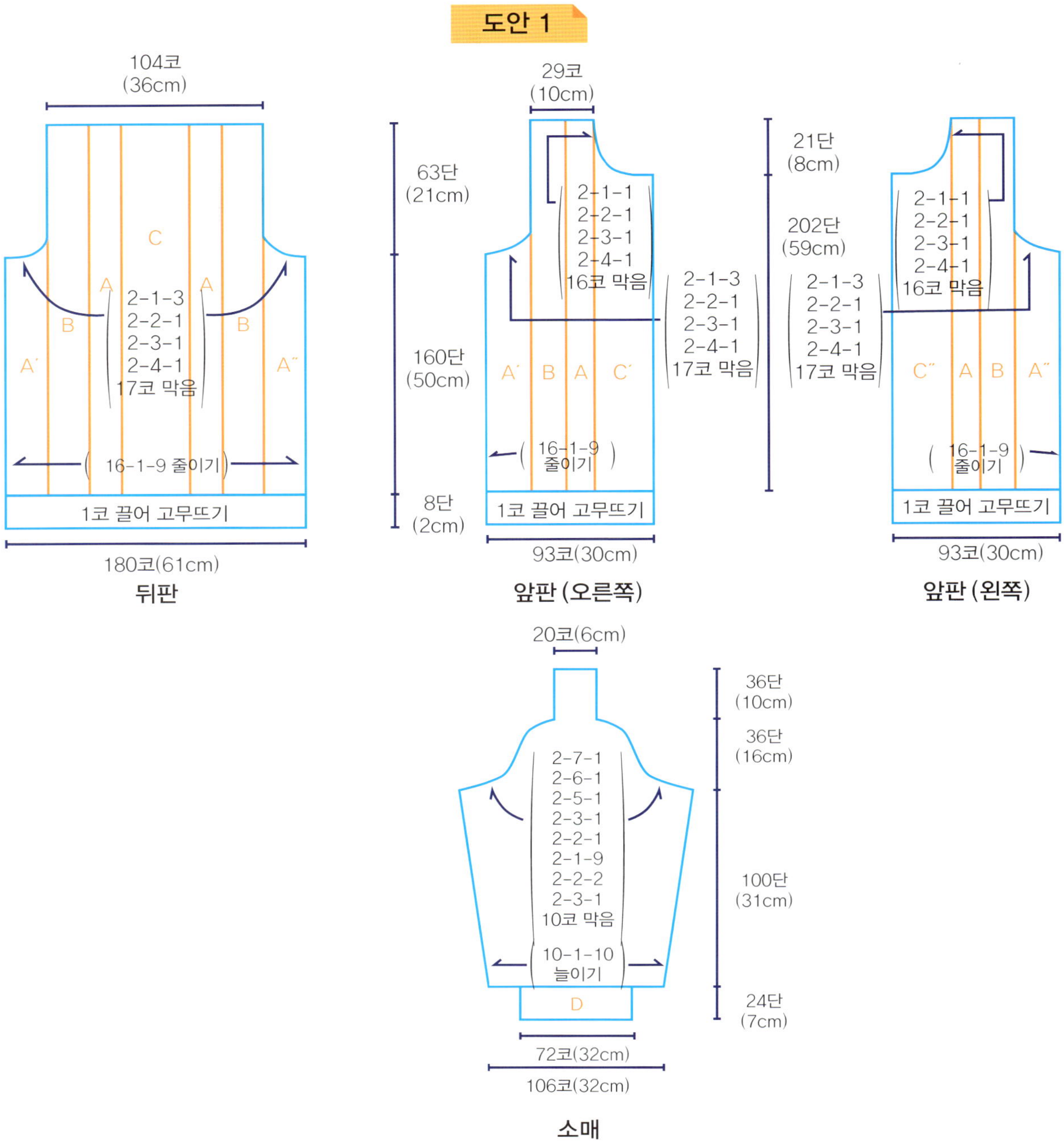

만드는 방법

뒤판

1. 4.5mm 줄바늘과 밑실로 기본코 180코를 만들고 본실(한 올씩 합사)로 바꾸어 무늬뜨기 A′+B+A+C+A+B+A″로 배치하여 160단을 뜬다.

2. 160단을 뜨면서 16단마다 양옆 가장자리에서 각 1코씩 줄이기를 9회 해 준다.

3. 진동 둘레는 도안 1을 참고하여 줄인다.

앞판

1. 4.5mm 줄바늘과 밑실을 이용해 기본코 93코를 만들고 본실로 바꾸어 오른쪽은 무늬뜨기 A´+B+A+C´를, 왼쪽은 무늬뜨기 C˝+A+B+A˝를 배치하여 뜬다.
2. 앞판은 도안 2를 참고해서 옆 솔기 줄이기, 진동 둘레 코줄임, 앞 목둘레 코줄임을 한다.
3. 앞, 뒤판의 옆 솔기만 돗바늘로 이어 준다.

소매

1. 4.5mm 줄바늘과 합사한 실로 흔들코 72코를 만들어 무늬뜨기 D로 24단을 뜬다.
2. 34코를 늘려 106코로 만들고 무늬뜨기를 해 준다. 도안 3을 참고하여 소매를 완성한다.
3. 똑같이 1장을 더 뜬다.
4. 옆 솔기는 각각 돗바늘로 꿰매어 몸판에 다는데 어깨 부분은 앞, 뒤판의 어깨코에 맞추어 꿰매 준다.

단 및 칼라

1. 앞판 오른쪽 왼쪽에서 각각 210코를 주워서 1코 끌어 고무뜨기로 8단을 뜨고 돗바늘로 꿰매어 마무리한다.(진초록 실 2올로 뜬다)
2. 오른쪽 앞 중심단에는 단춧구멍을 5개 만든다.
3. 밑단은 앞, 뒤 전체에서 367코를 줍고 1코 끌어 고무뜨기를 8단 뜨고 돗바늘로 이어서 마무리한다.(진초록 실 2올)
4. 칼라는 목둘레에서 120코를 주워 무늬뜨기 D를 20무늬로 시작해서 24단을 뜬다. 실은 합사하여 뜬다. 칼라 옆 솔기 부분까지 코를 주워 170코로 만들어 진초록 실 2올로 1코 끌어 고무뜨기를 8단 뜨고 돗바늘로 꿰매어 마무리한다.
5. 왼쪽 앞 중심단에는 오른쪽 단춧구멍 위치에 맞게 단추를 달아 준다.
6. 완성 후 밑실을 풀어 준다.

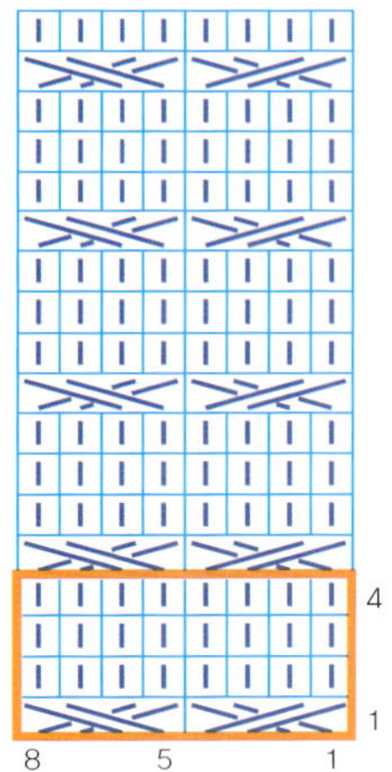

무늬뜨기 A(8코 4단 1무늬)

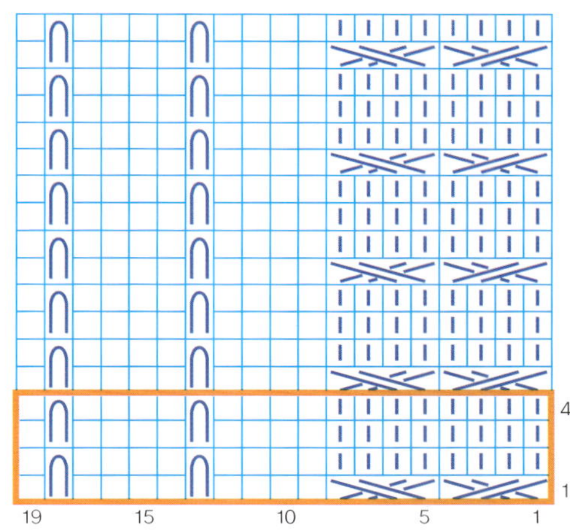

무늬뜨기 A´(19코 4단 1무늬)

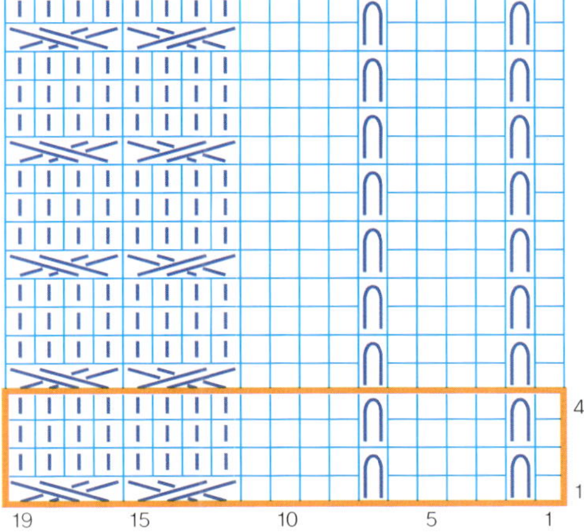

무늬뜨기 A˝(19코 4단 1무늬)

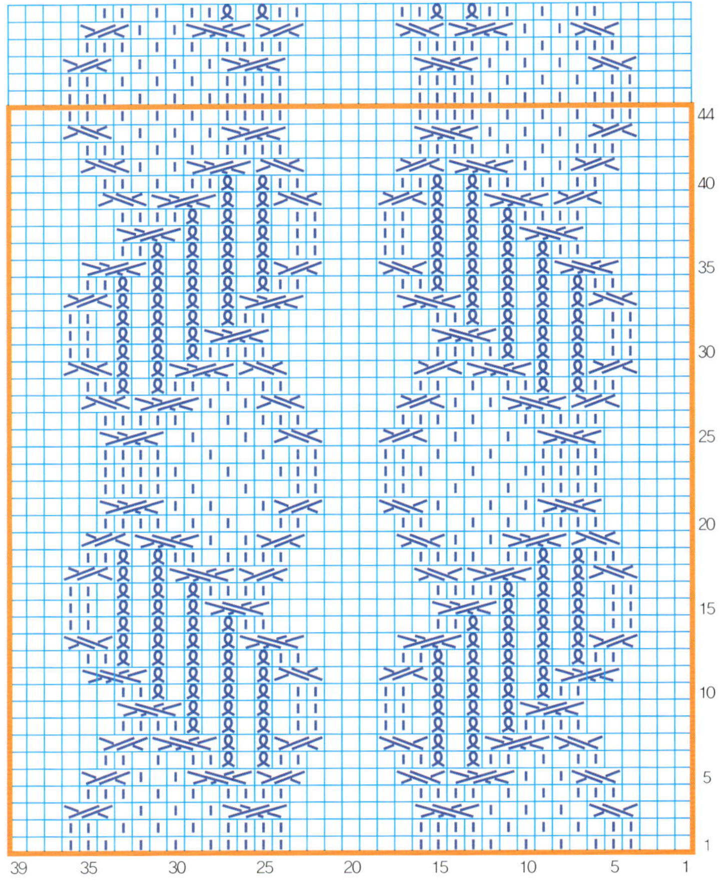

무늬뜨기 B (39코 44단 1무늬)

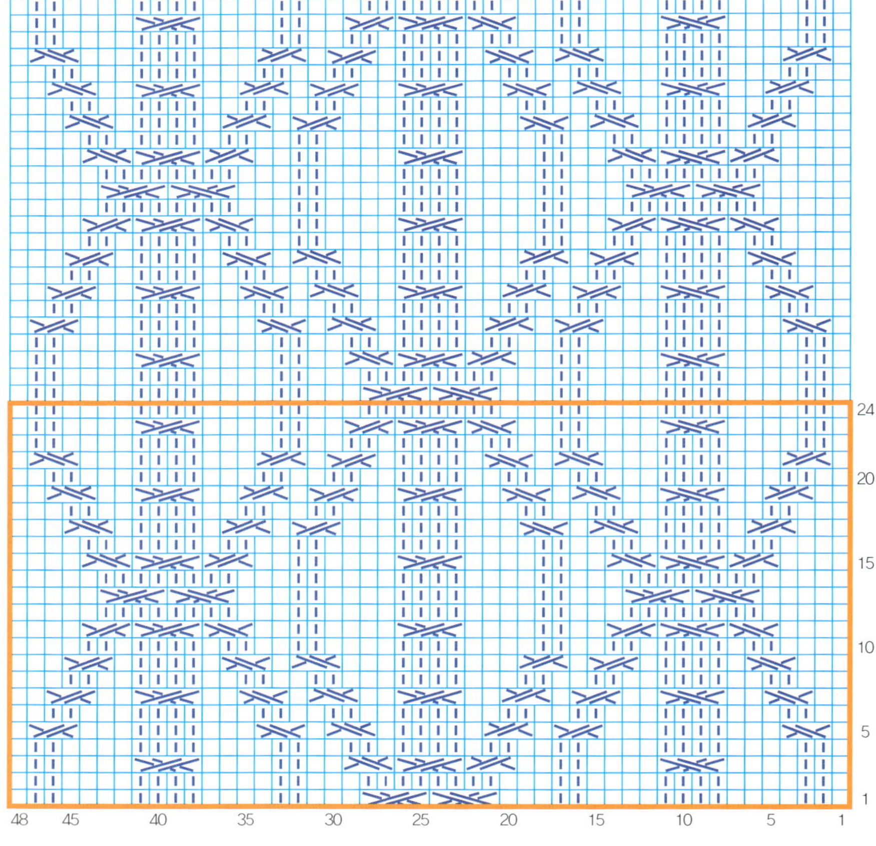

무늬뜨기 C (48코 24단 1무늬)

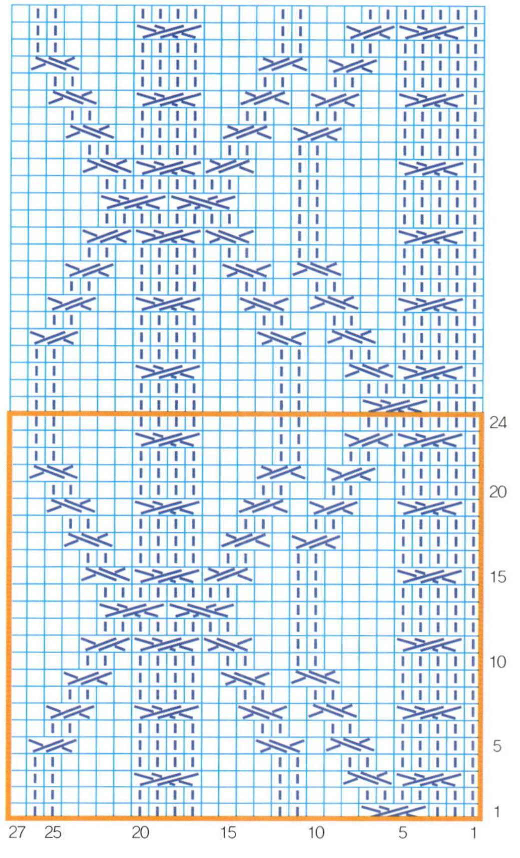

무늬뜨기 C′ (27코 24단 1무늬)

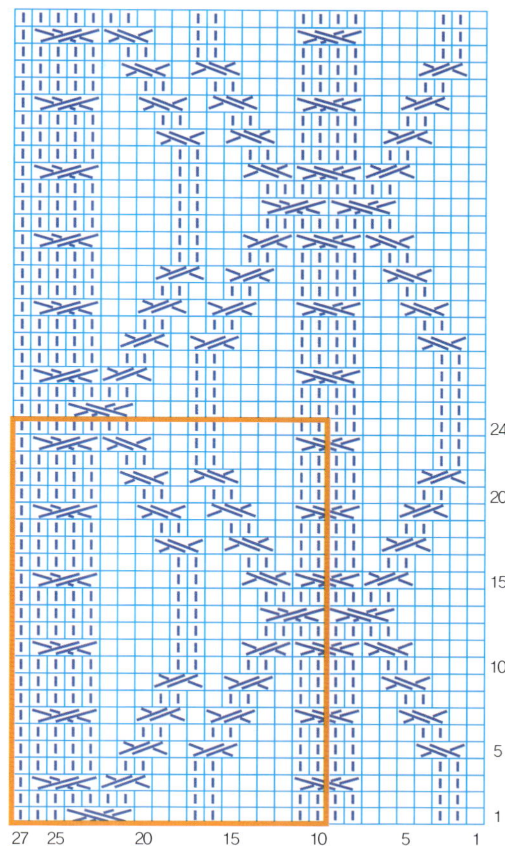

무늬뜨기 C″ (27코 24단 1무늬)

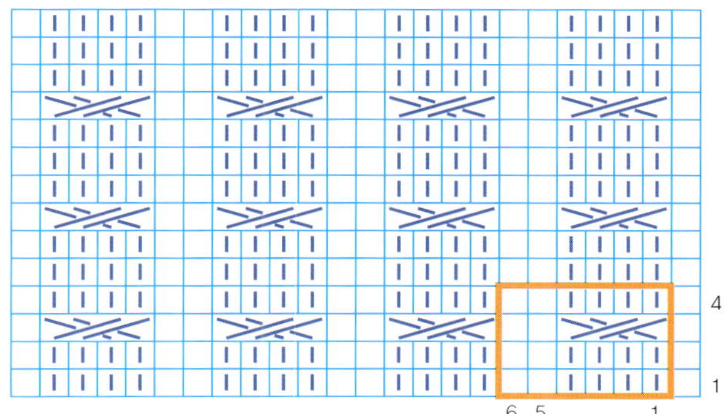

무늬뜨기 D (6코 4단 1무늬)

도안 2

앞판

진동 둘레
앞목둘레
앞 중심선
160
150
140
130
120
114
63
60
50
40
30
20
10
1
21
15
10
5
1
202
190
180
170
160
150
140
130
120

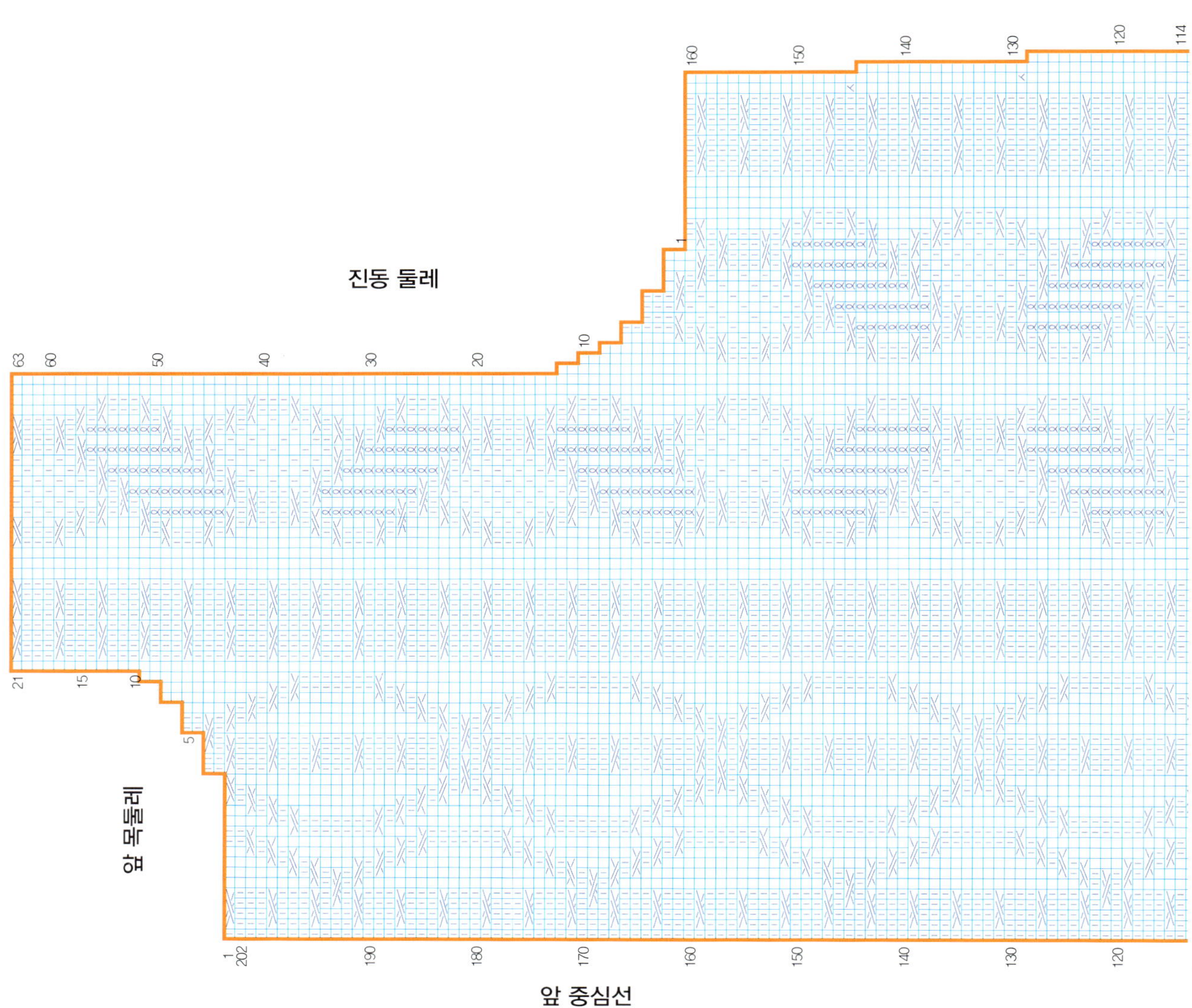

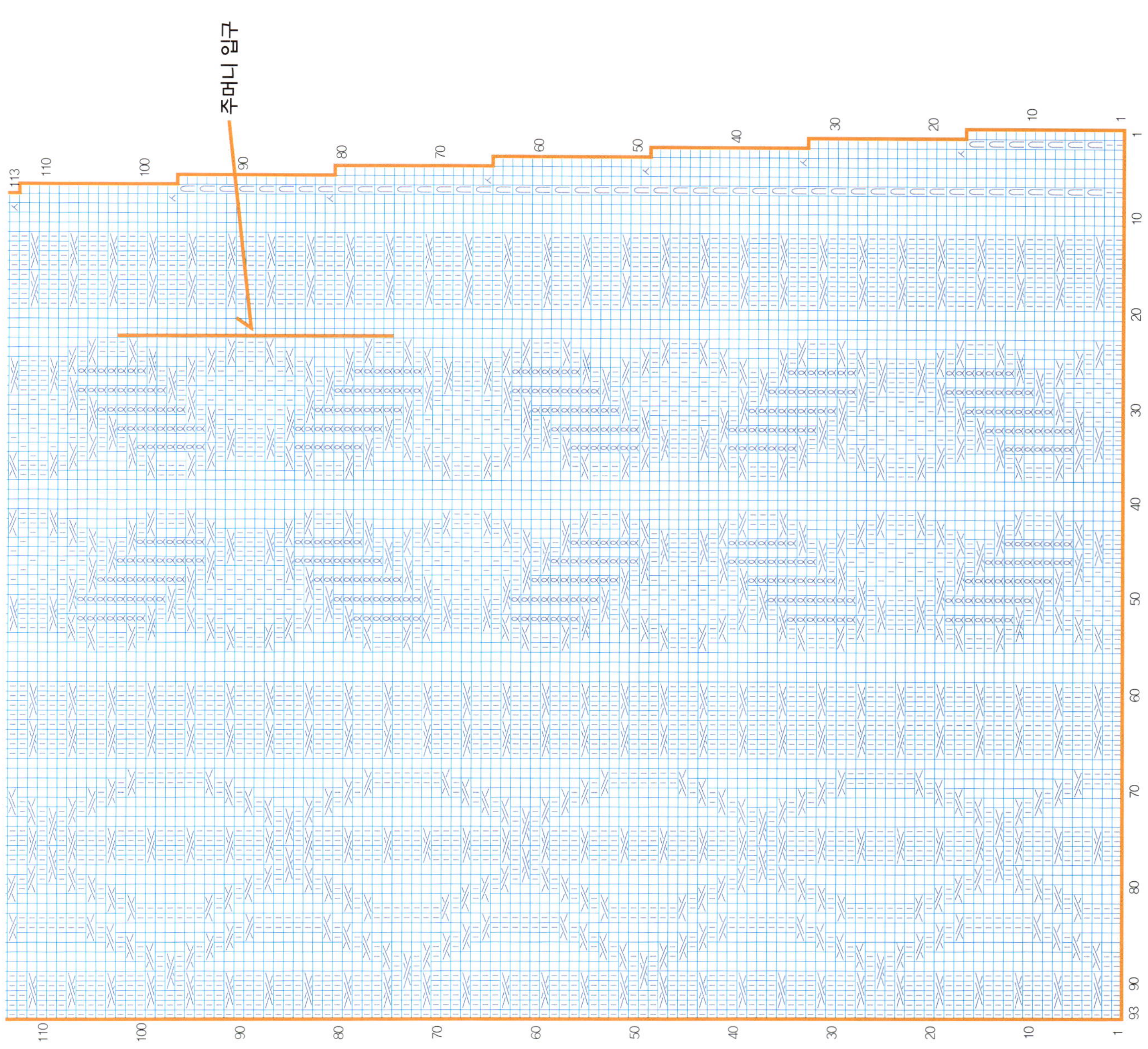

주머니 입구

도안 3
소매

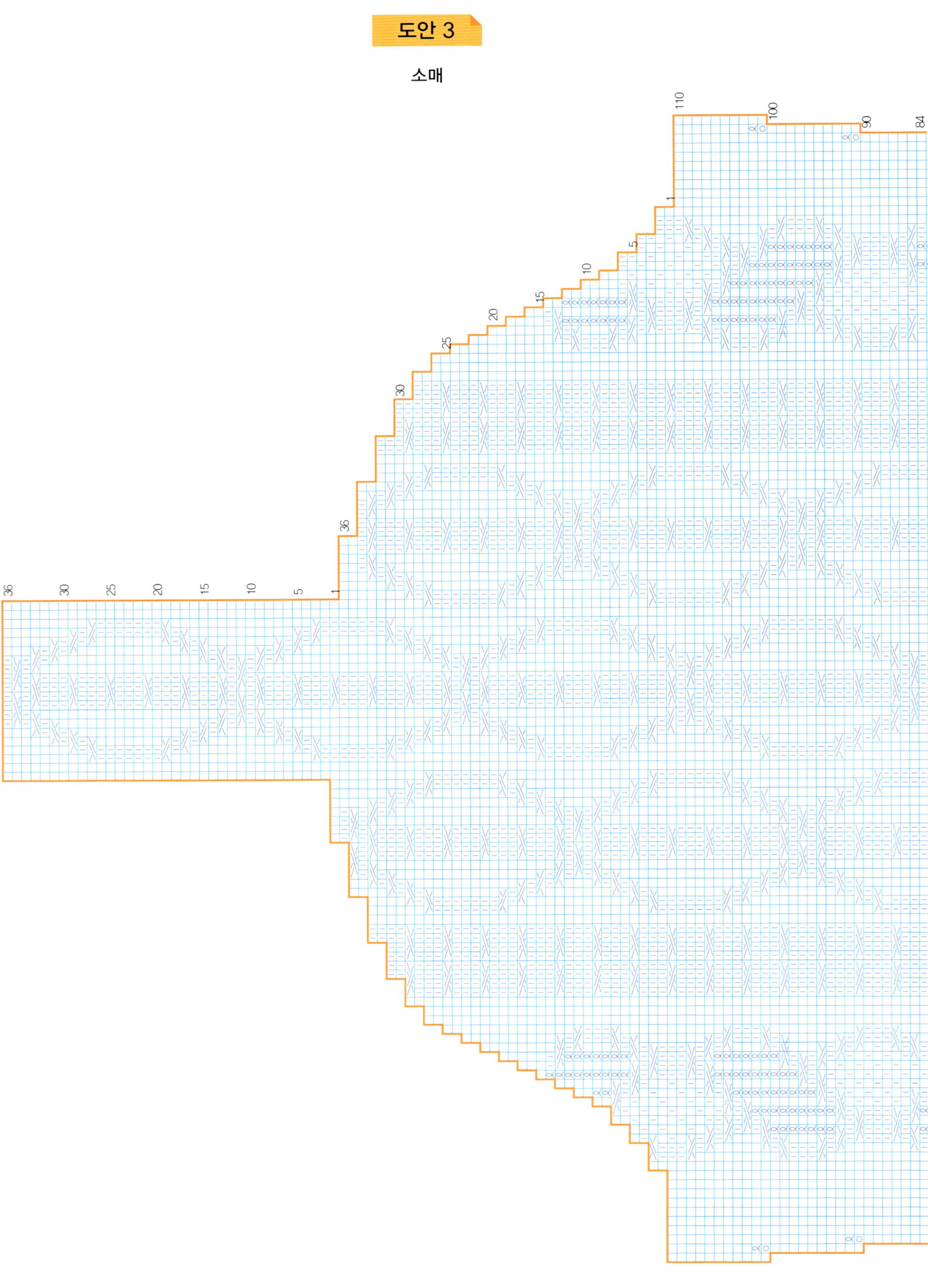

110
100
90
84
1
5
10
15
20
25
30
36
36
30
25
20
15
10
5
1

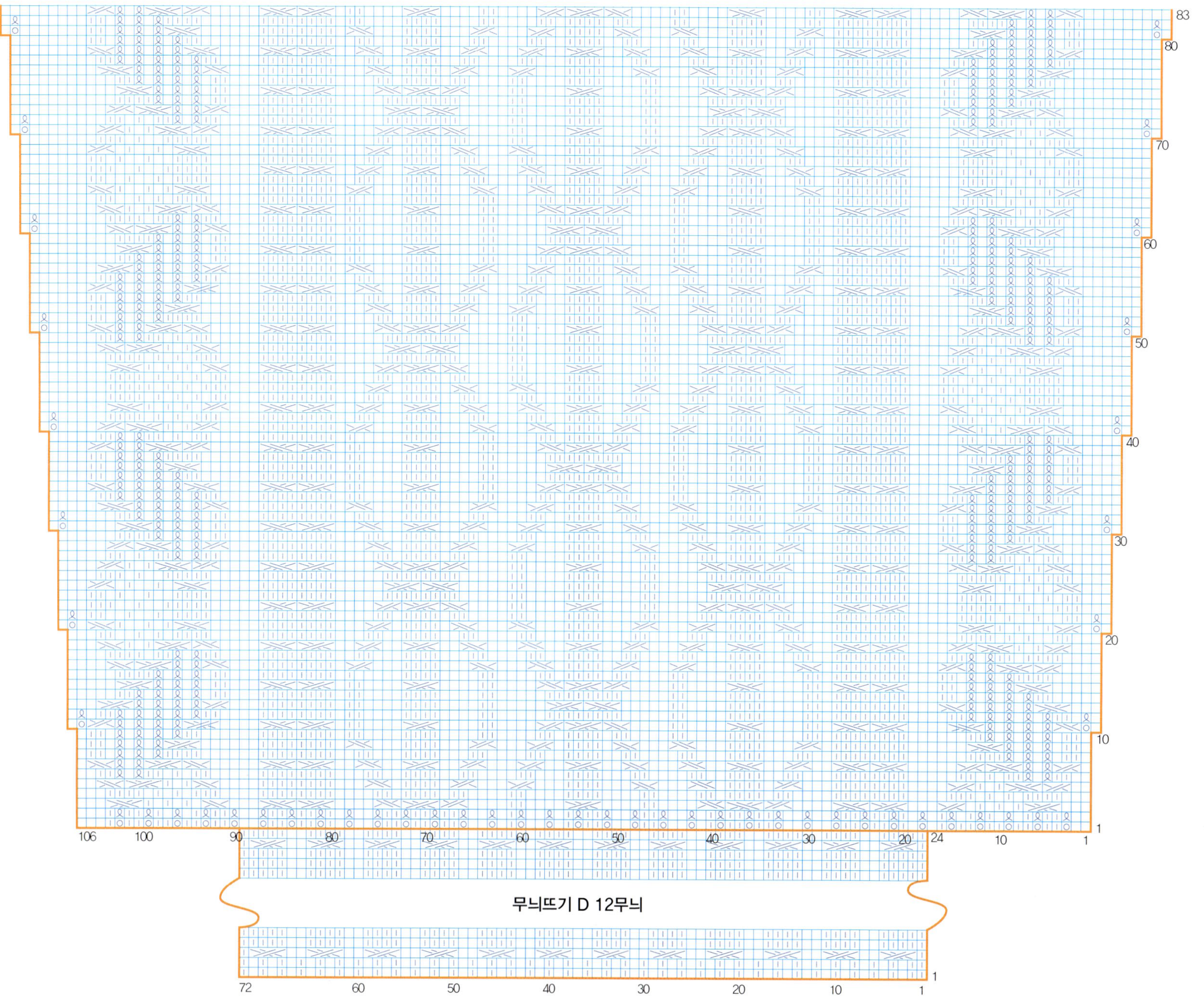
무늬뜨기 D 12무늬

분홍색 스탠드칼라 재킷

완성 치수: 가슴둘레 112cm, 길이 70cm, 소매길이 55cm
재료 및 도구: 실 – 5p 순모(분홍색), 줄바늘 4mm, 코바늘 5호, 돗바늘,
　　　　　　　단추 12개, 밑실 조금
게이지(10cm x10cm): 30코 32.5단
작품 사진: 9쪽

도안 1

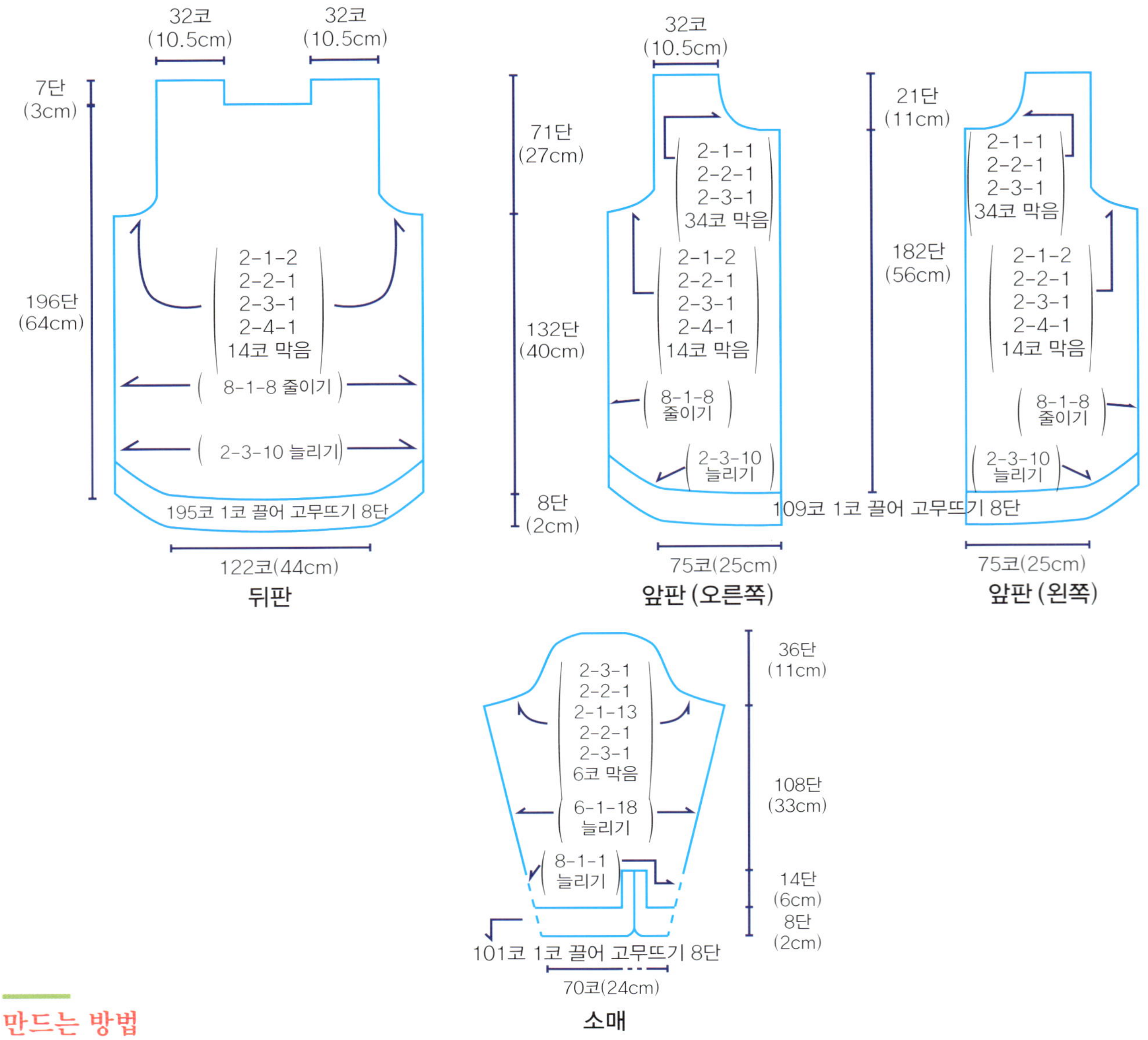

32코 (10.5cm)　　32코 (10.5cm)

7단 (3cm)

196단 (64cm)

2-1-2
2-2-1
2-3-1
2-4-1
14코 막음

8-1-8 줄이기

2-3-10 늘리기

195코 1코 끌어 고무뜨기 8단

122코(44cm)

뒤판

32코 (10.5cm)

71단 (27cm)

2-1-1
2-2-1
2-3-1
34코 막음

2-1-2
2-2-1
2-3-1
2-4-1
14코 막음

8-1-8 줄이기

2-3-10 늘리기

132단 (40cm)

8단 (2cm)

75코(25cm)

앞판 (오른쪽)

21단 (11cm)

2-1-1
2-2-1
2-3-1
34코 막음

182단 (56cm)

2-1-2
2-2-1
2-3-1
2-4-1
14코 막음

8-1-8 줄이기

2-3-10 늘리기

109코 1코 끌어 고무뜨기 8단

75코(25cm)

앞판 (왼쪽)

2-3-1
2-2-1
2-1-13
2-2-1
2-3-1
6코 막음

6-1-18 늘리기

8-1-1 늘리기

36단 (11cm)

108단 (33cm)

14단 (6cm)

8단 (2cm)

101코 1코 끌어 고무뜨기 8단

70코(24cm)

소매

만드는 방법

뒤판

1. 4mm 줄바늘과 밑실로 기본코 122코를 만든다.

2. 본실을 걸고 무늬뜨기를 하는데 양옆 가장자리에 2단마다 3코씩 걸림코 늘림을 10회 한다.(도안 2)

3. 옆선은 8단마다 1코씩 줄이기를 8회 해 준다.

4. 진동 둘레 코줄임은 도안 1을 참고한다.

5. 밑단은 4mm 바늘로 코늘림이 끝난 부분부터 반대쪽까지 195코를 주워 1코 끌어 고무뜨기 8단을 뜨고 돗바늘로 꿰매어 마친다. 밑실은 풀어 준다.

앞판

1. 4mm 줄바늘과 밑실로 기본코 75코를 만든다.

2. 본실을 걸고 무늬뜨기를 하는데 한쪽에만 2단마다 3코씩 걸림코 늘림을 10회 한다.(도안 2의 뒤판에서 코늘림 참고)

3. 반대쪽 앞판은 대칭되게 코늘림을 해 준다. 오른쪽에는 단춧구멍을 만들어 준다.

4. 진동 둘레 코줄임은 도안 1, 도안 2 코줄임을 참고한다.

5. 앞 목둘레 코줄임은 도안 3, 도안 4를 참고한다.

6. 밑단은 4mm 줄바늘로 코늘림 끝부터 앞 중심까지 109코를 주워 1코 끌어 고무뜨기를 8단 뜨고 돗바늘로 꿰매어 마무리한다.

7. 양어깨와 옆 솔기를 앞, 뒤판에 맞대 꿰매어 완성한다. 밑실은 풀어 준다.

소매

1. 4mm 줄바늘과 밑실로 기본코 70코를 만든다.

2. 본실을 걸고 무늬뜨기를 하는데 14단까지 뜨고 15단째에 9코 걸림코를 만들어 오픈된 곳을 이어 주고 소매의 옆 솔기 부분은 터 준다.

3. 도안 5를 참고로 코늘림을 해 주고 소매산 코줄임을 하여 완성한다.

4. 반대쪽 소매는 대칭적으로 단 트임을 한다.

5. 소맷단은 4mm 줄바늘과 실을 이용해 101코를 주워 8단 1코 끌어 고무뜨기를 하고 돗바늘로 꿰매어 마무리해 몸판에 달아 준다. 밑실을 풀어 준다.

칼라 뜨기 및 단추 달기

1. 4mm 줄바늘로 목둘레에서 144코를 주워 오른쪽, 왼쪽 중심 무늬뜨기를 연결하고 나머지 부분은 2코 고무뜨기로 46단을 뜬다.

2. 목단은 반으로 접어 안쪽에서 감침질하여 완성한다.

3. 단추는 오른쪽 단춧구멍 위치에 맞게 왼쪽에 달아 주고 소매는 단 트임 부분에 단추 2개를 장식으로 달아 준다.

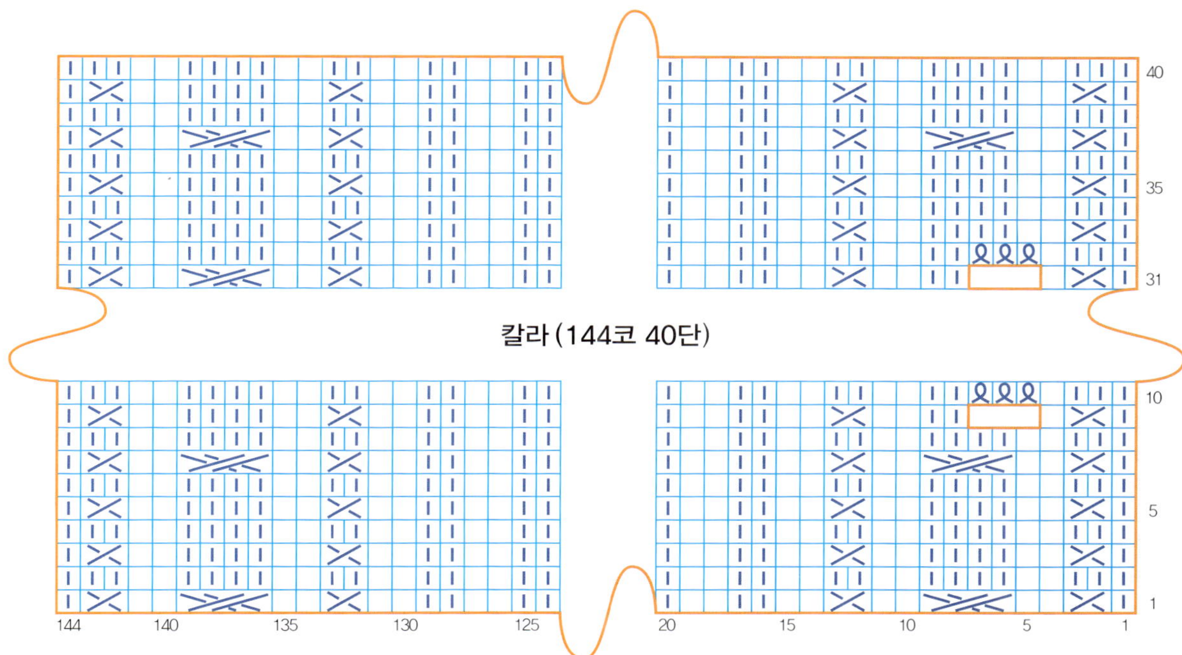

칼라 (144코 40단)

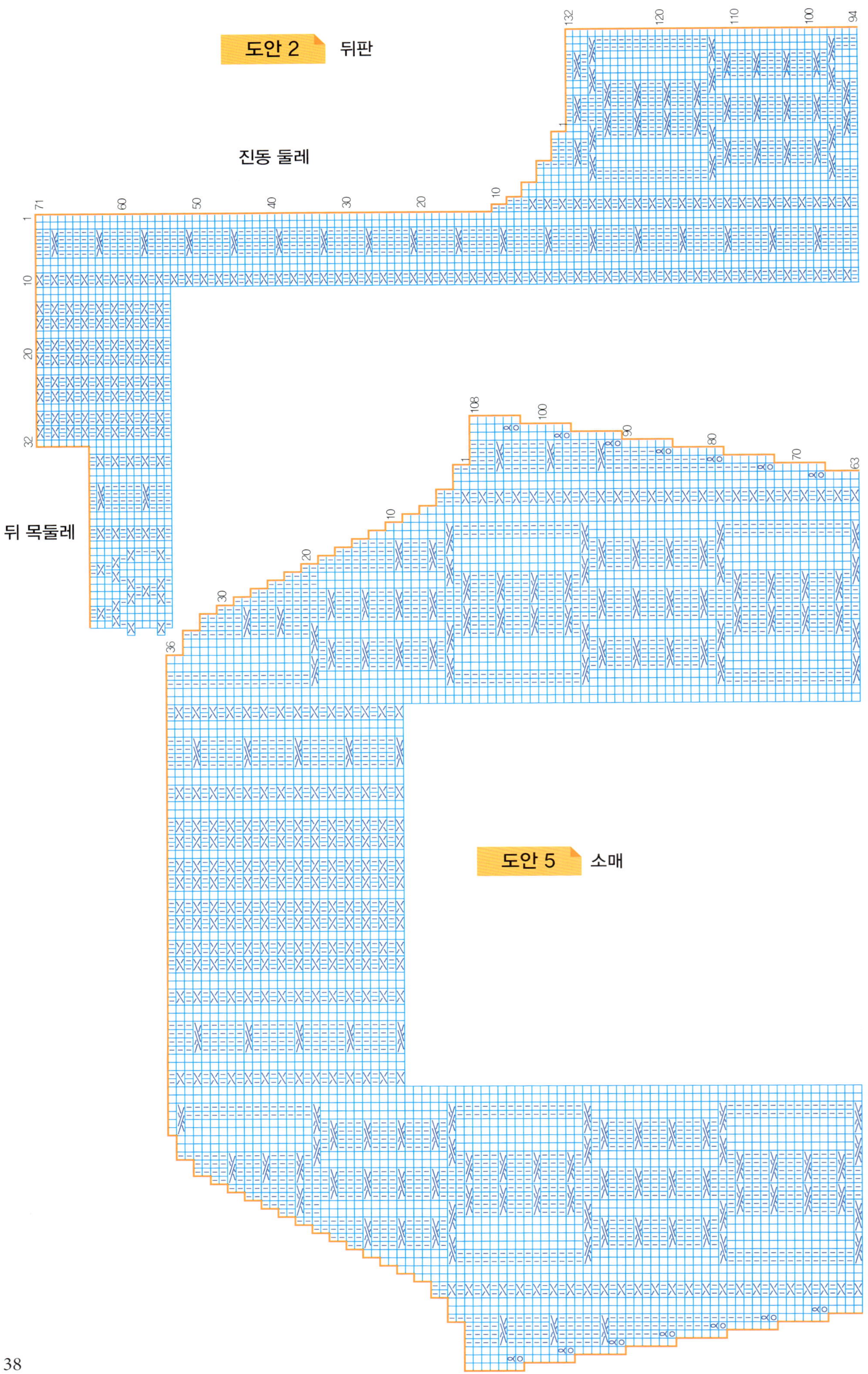

도안 2　뒤판
진동 둘레
뒤 목둘레
도안 5　소매

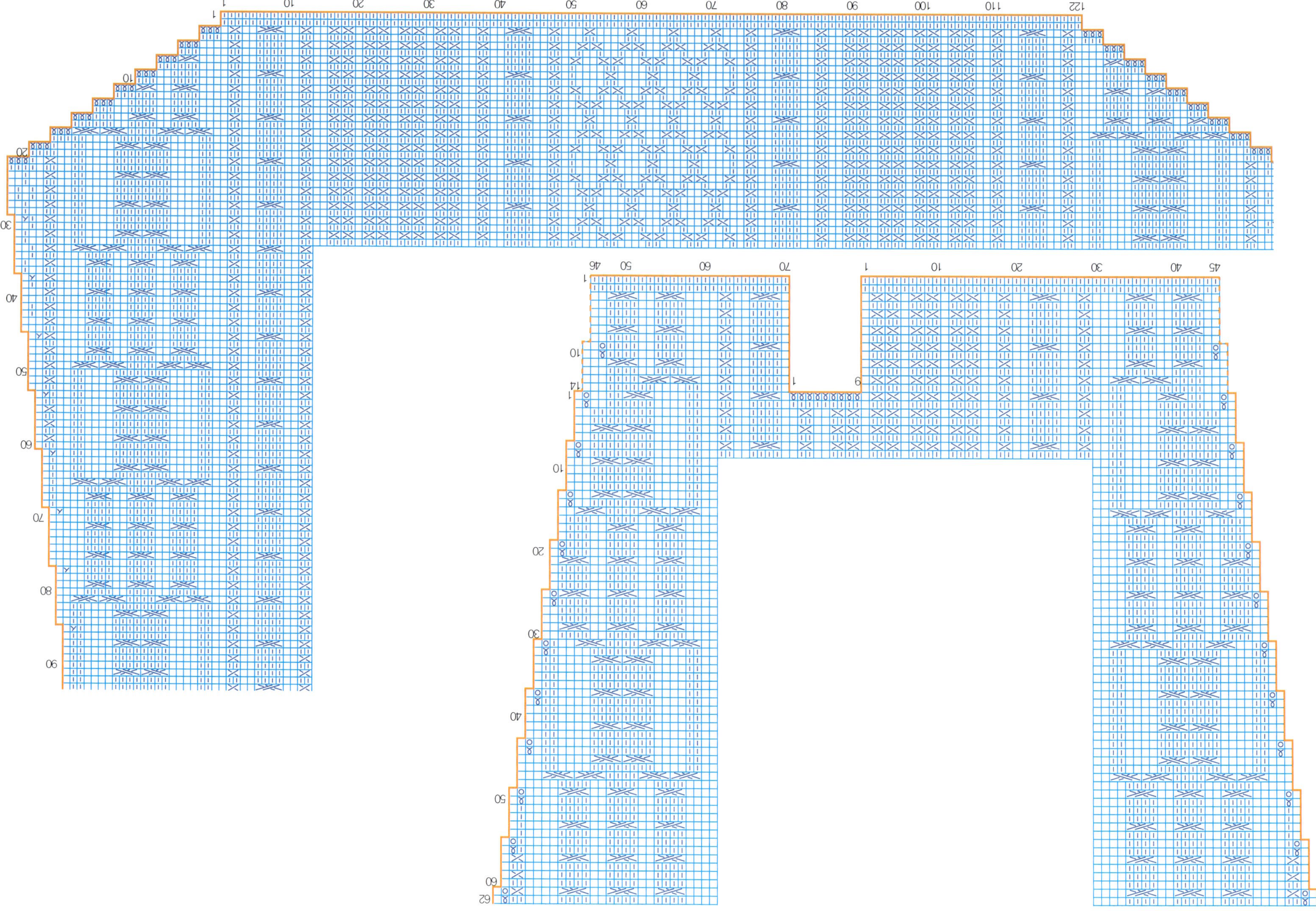

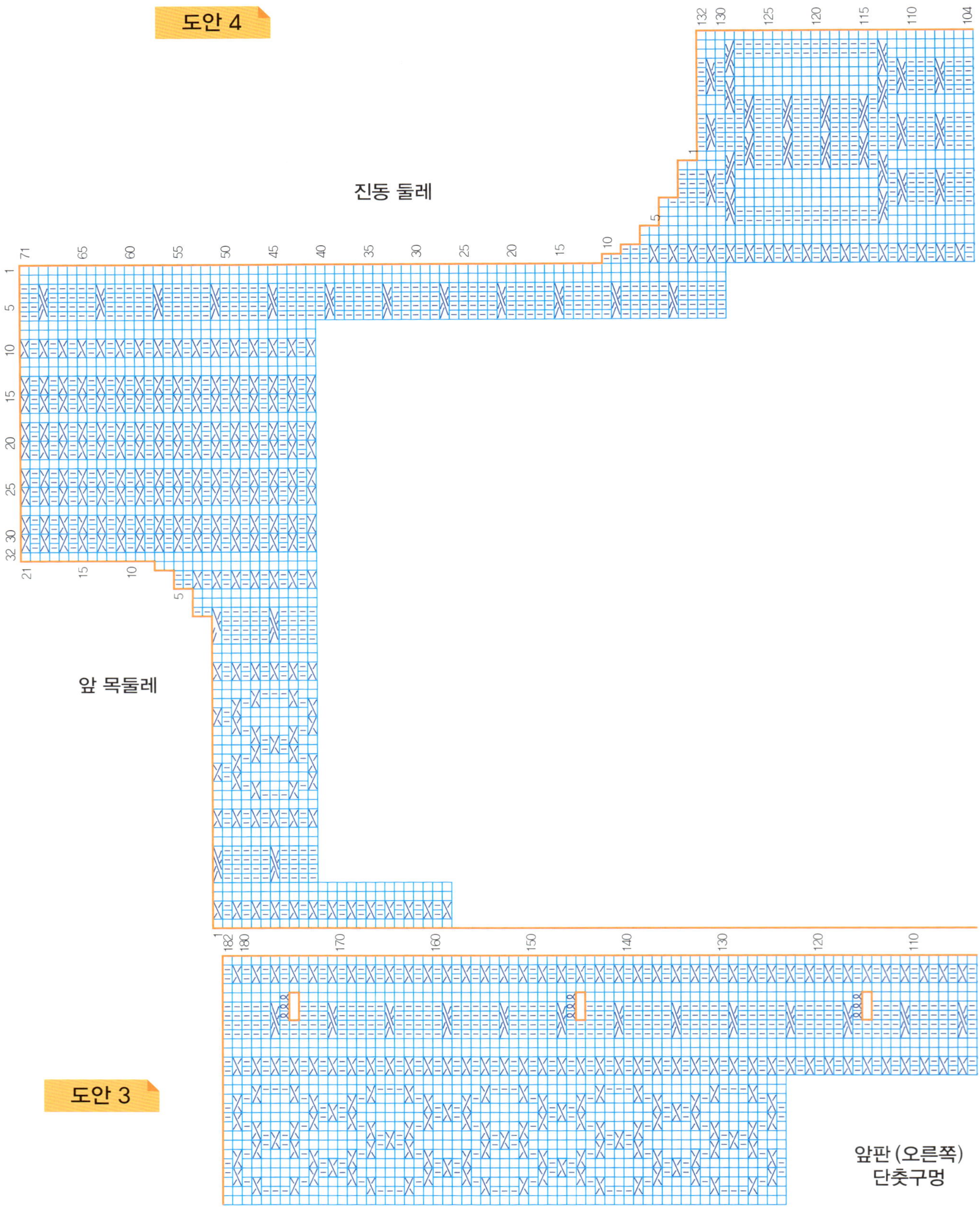

도안 4
진동 둘레
앞 목둘레
도안 3
앞판 (오른쪽)
단춧구멍

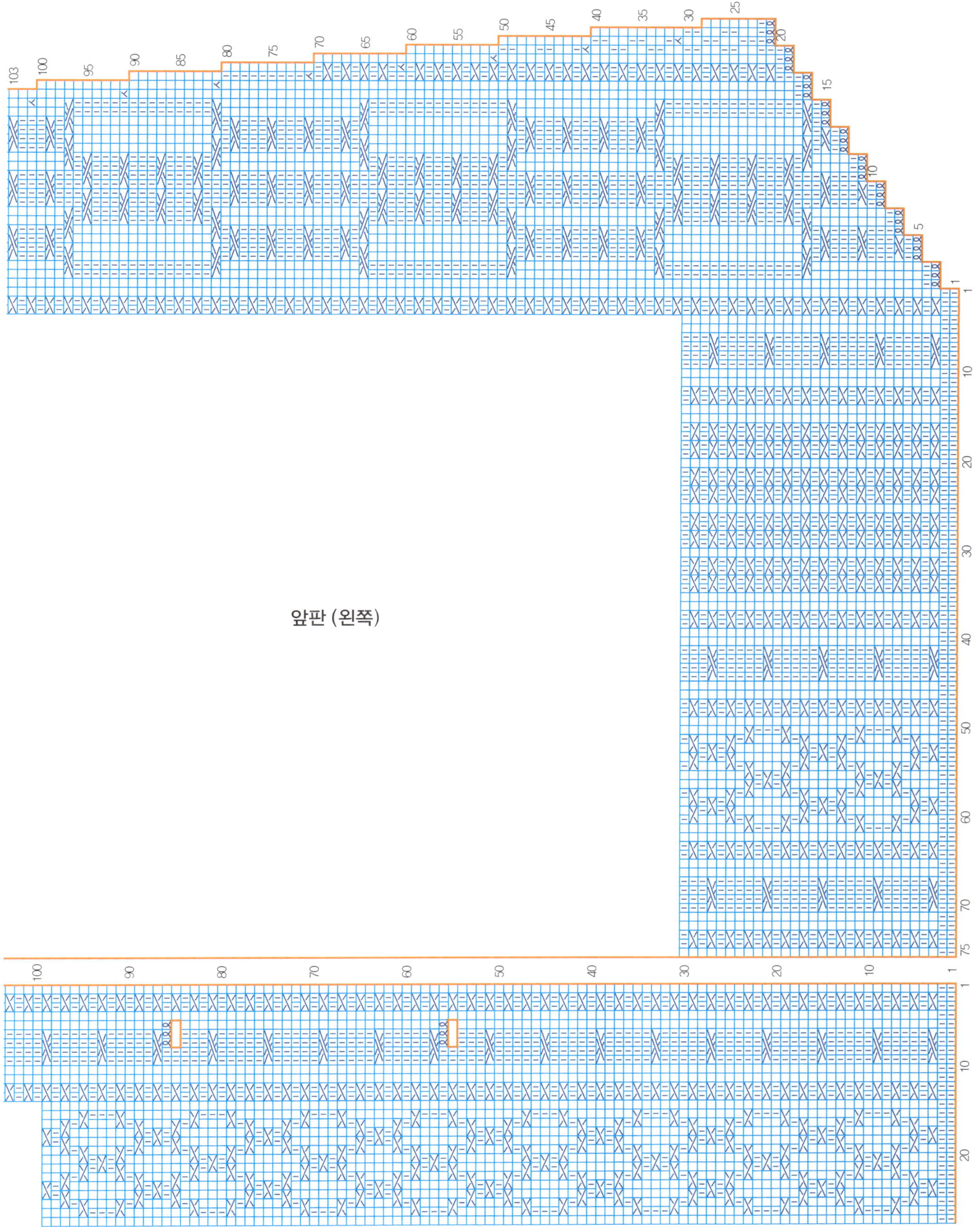
앞판 (왼쪽)

자주색 집업 카디건

완성 치수: 가슴둘레 101cm, 길이 50cm, 소매길이 55cm
재료 및 도구: 실 – 캐시미어 라이프(자주색, 검은색), 줄바늘 2.5mm /
3.5mm, 돗바늘, 지퍼 1개
게이지(10cm x10cm): 35코 38단
작품 사진: 10쪽

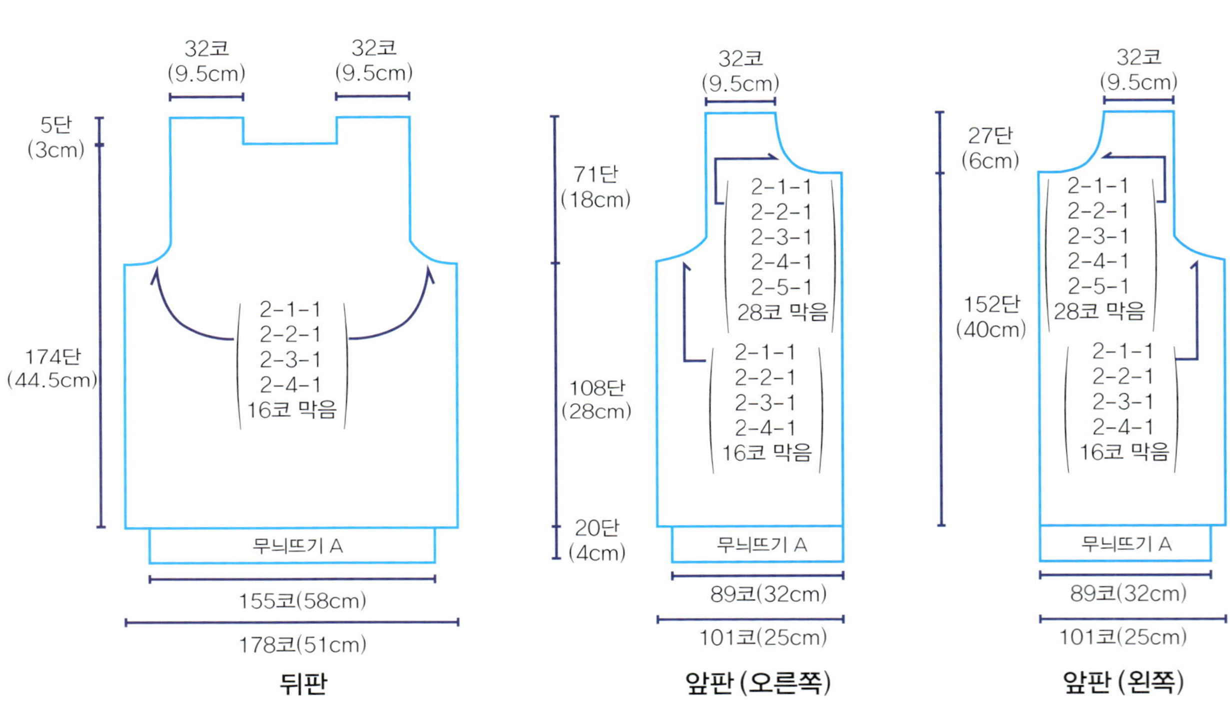

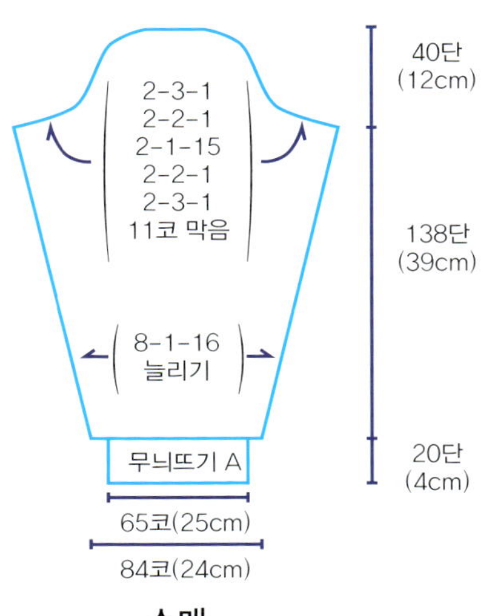

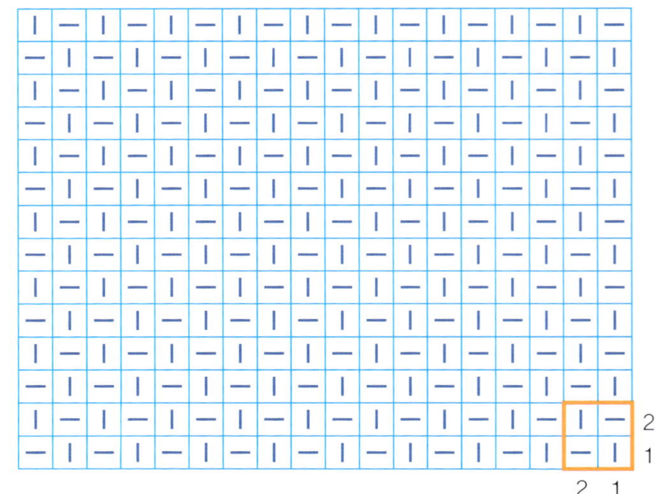

만드는 방법

뒤판

1. 2.5mm 줄바늘과 검정 실로 흔들코 155코를 만들어 무늬뜨기 A를 한다. 10단까지는 검정 색실로 뜨고 11단째부터는 자주색 실로 뜬다.
2. 단뜨기가 끝나면 3.5mm 줄바늘로 바꾸고 23코를 늘려 178코가 되게 하여 무늬뜨기를 한다.
3. 도안 2를 참고하여 무늬를 배치하고 진동 둘레 코줄임과 어깨코 만들기를 해 뒤판을 완성한다.

앞판

1. 2.5mm 줄바늘과 검정 실로 흔들코 89코를 만들어 시작해 무늬뜨기 A를 하는데 10단까지 뜨고, 11단부터는 자주색 실로 뜬다.
2. 단뜨기가 끝나면 12코를 늘려 101코로 만들어 도안 3을 참고해 무늬뜨기하여 앞판을 완성한다.
3. 반대쪽은 대칭이 되도록 무늬를 배치하여 뜬다.
4. 앞, 뒤판이 완성되면 옆 솔기와 양어깨를 돗바늘로 꿰매 몸판을 완성한다.

소매

1. 2.5mm 줄바늘과 검정 실로 흔들코 65코를 만들어 시작하여 무늬뜨기 A로 10단을 뜨고 자주색 실로 바꾼다.
2. 소매는 도안 4를 참고하여 2장을 뜬다.
3. 소매가 완성되면 각각의 옆 솔기를 돗바늘로 꿰매어 몸판에 달아 준다.

앞 중심단과 칼라

1. 앞 중심단은 각각 좌, 우에서 3.5mm 줄바늘과 검은색 실을 이용해 153코를 주워 1코 끌어 고무뜨기로 6단을 뜨고 돗바늘로 마무리한다.
2. 칼라는 2.5mm 줄바늘과 자주색 실을 이용해 목둘레에서 199코를 주워 50단을 뜨는데 도안 5를 참고해 코늘림을 하고, 가장자리는 3.5mm 줄바늘과 검정 실로 바꾸어 양옆 솔기 부분에서 각각 36코를 주어 1코 끌어 고무뜨기로 6단을 뜨고 돗바늘로 꿰매 마무리한다.
3. 앞 중심단에 지퍼를 달아 완성한다.

도안 5

칼라

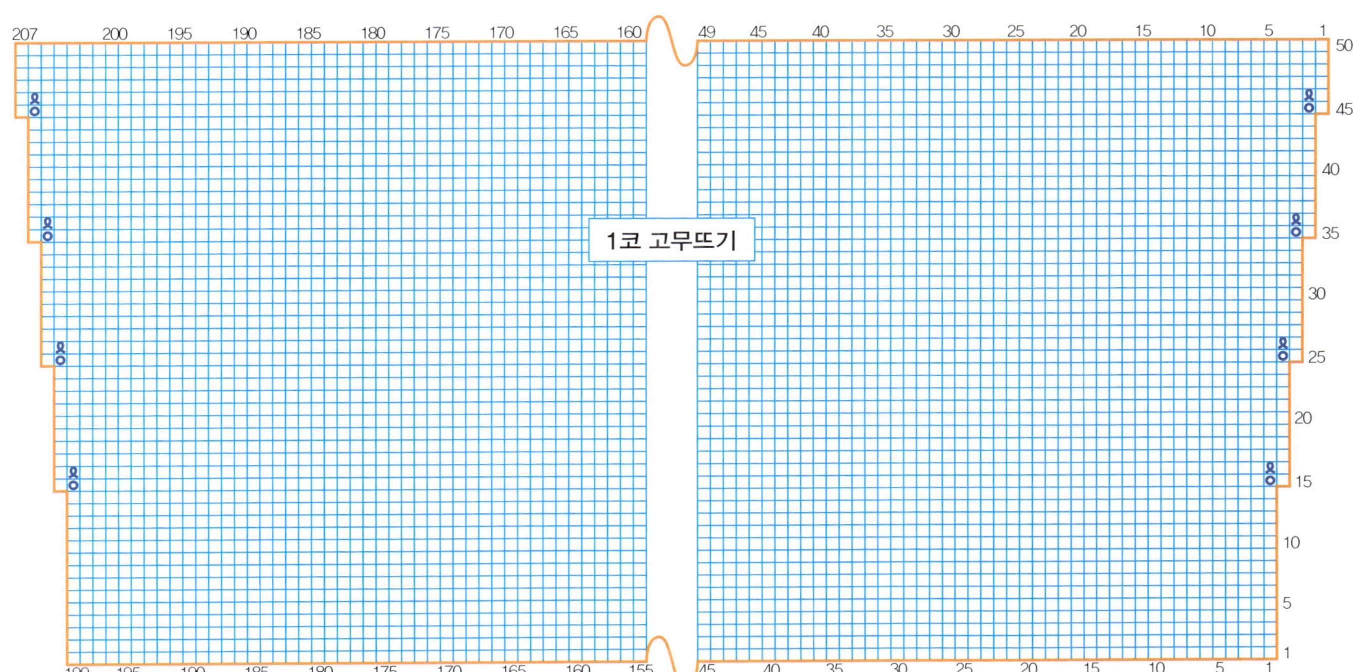

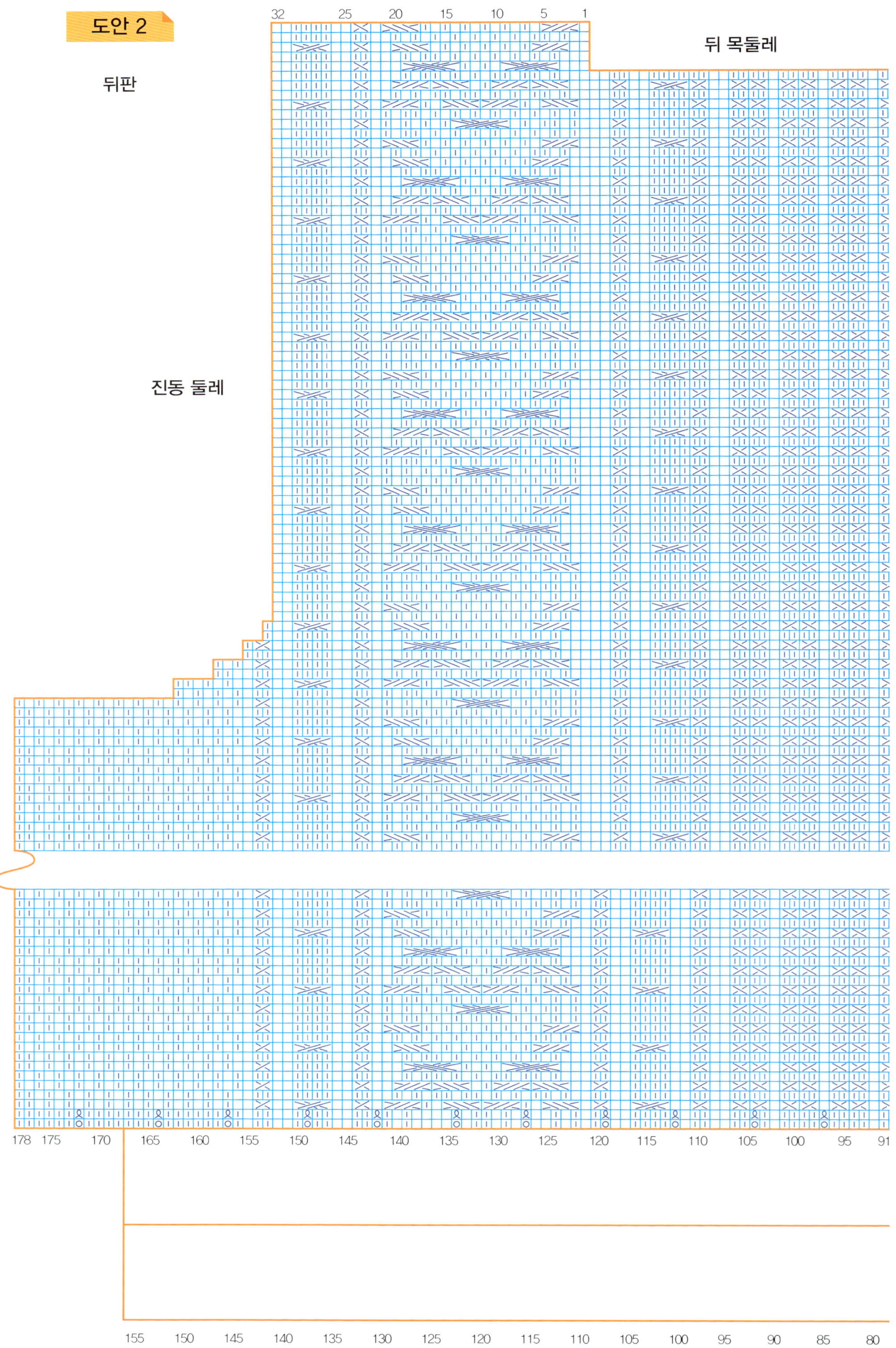

도안 2
뒤판
뒤 목둘레
진동 둘레
뒤판
32 25 20 15 10 5 1
178 175 170 165 160 155 150 145 140 135 130 125 120 115 110 105 100 95 91
155 150 145 140 135 130 125 120 115 110 105 100 95 90 85 80

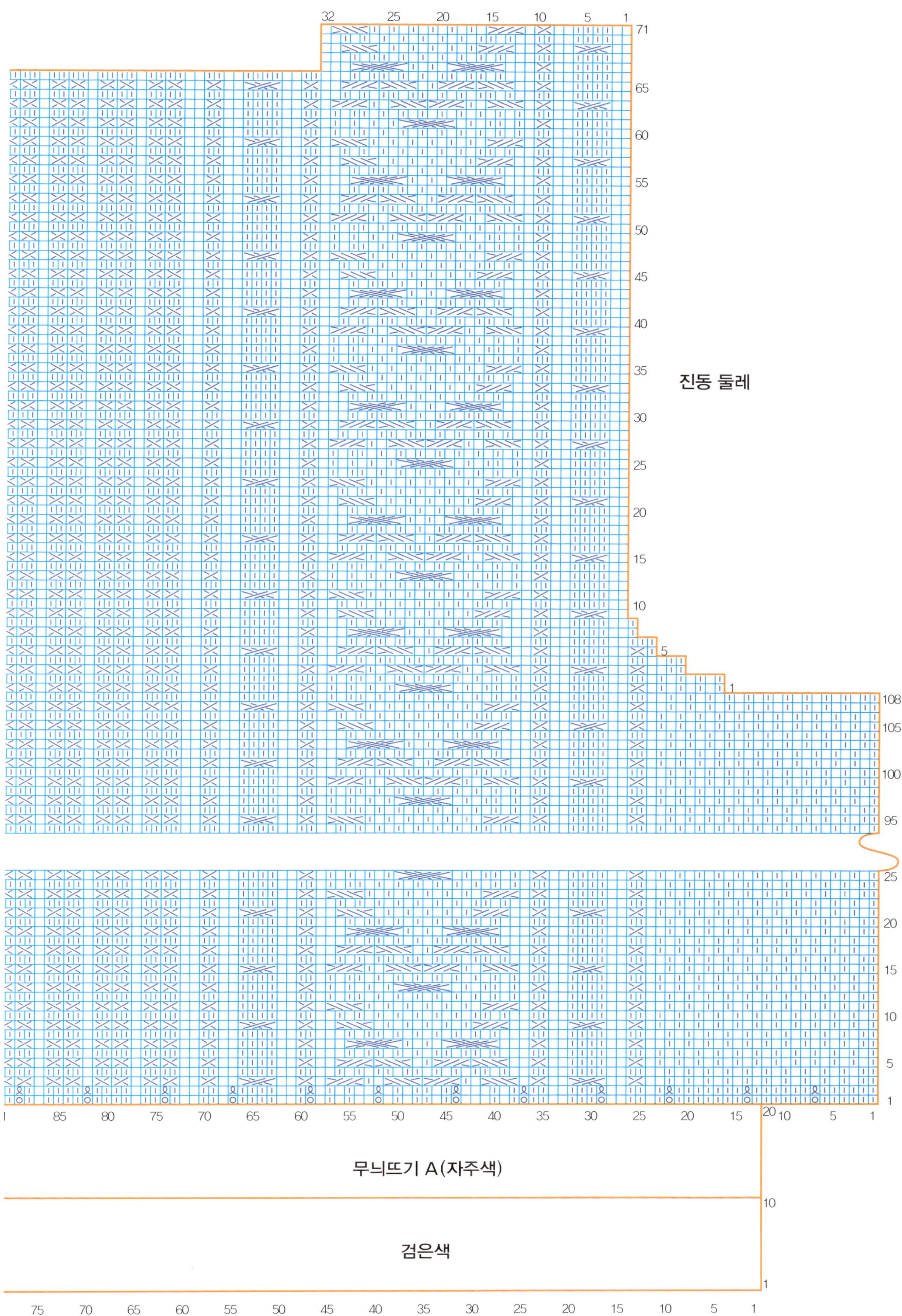

32 25 20 15 10 5 1
71
65
60
55
50
45
40
35
진동 둘레
30
25
20
15
10
5
1
108
105
100
95
25
20
15
10
5
1
85 80 75 70 65 60 55 50 45 40 35 30 25 20 15 10 5 1
무늬뜨기 A (자주색)
10
검은색
1
75 70 65 60 55 50 45 40 35 30 25 20 15 10 5 1

도안 3

앞판

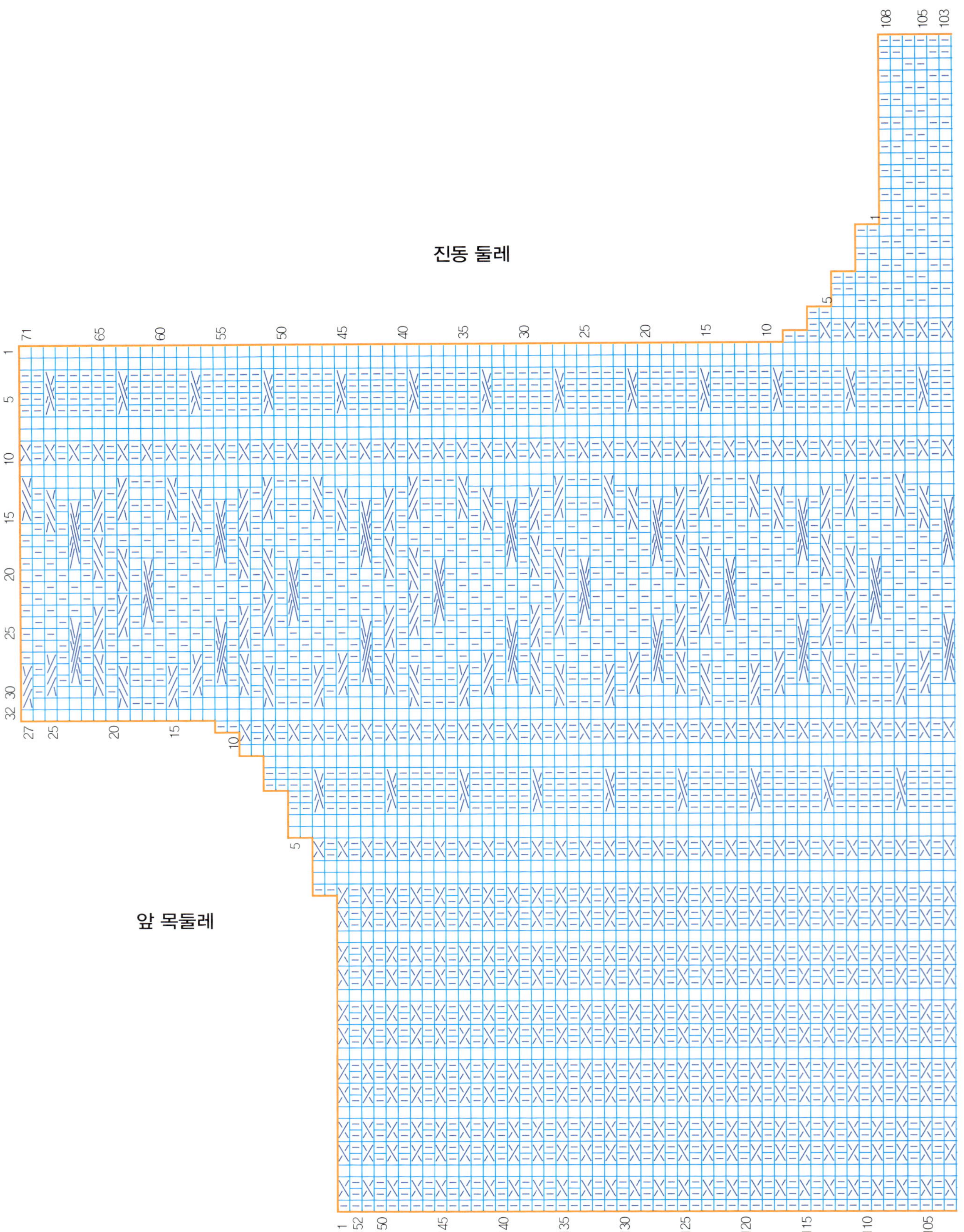

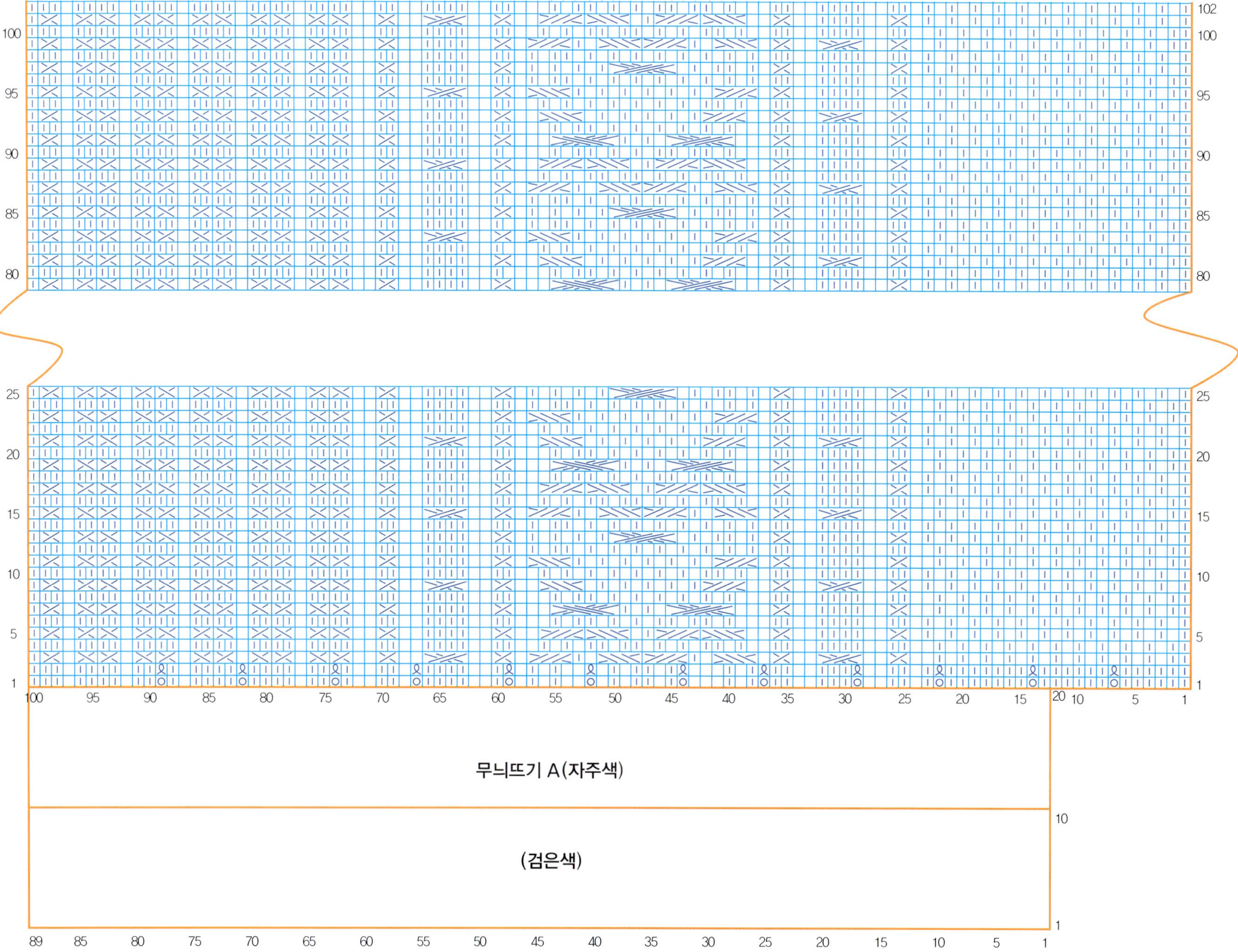

무늬뜨기 A(자주색)
(검은색)

도안 4

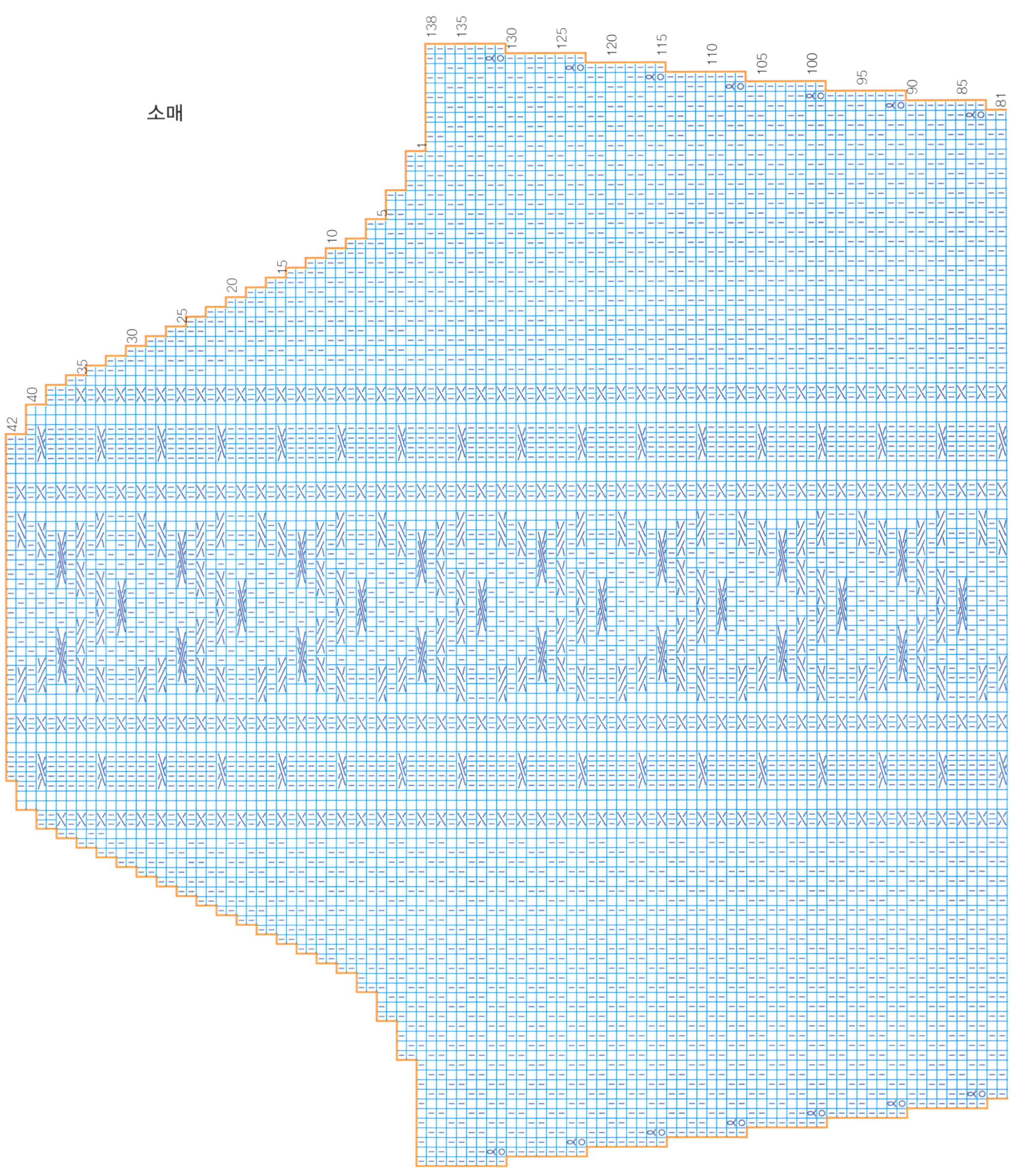
소매

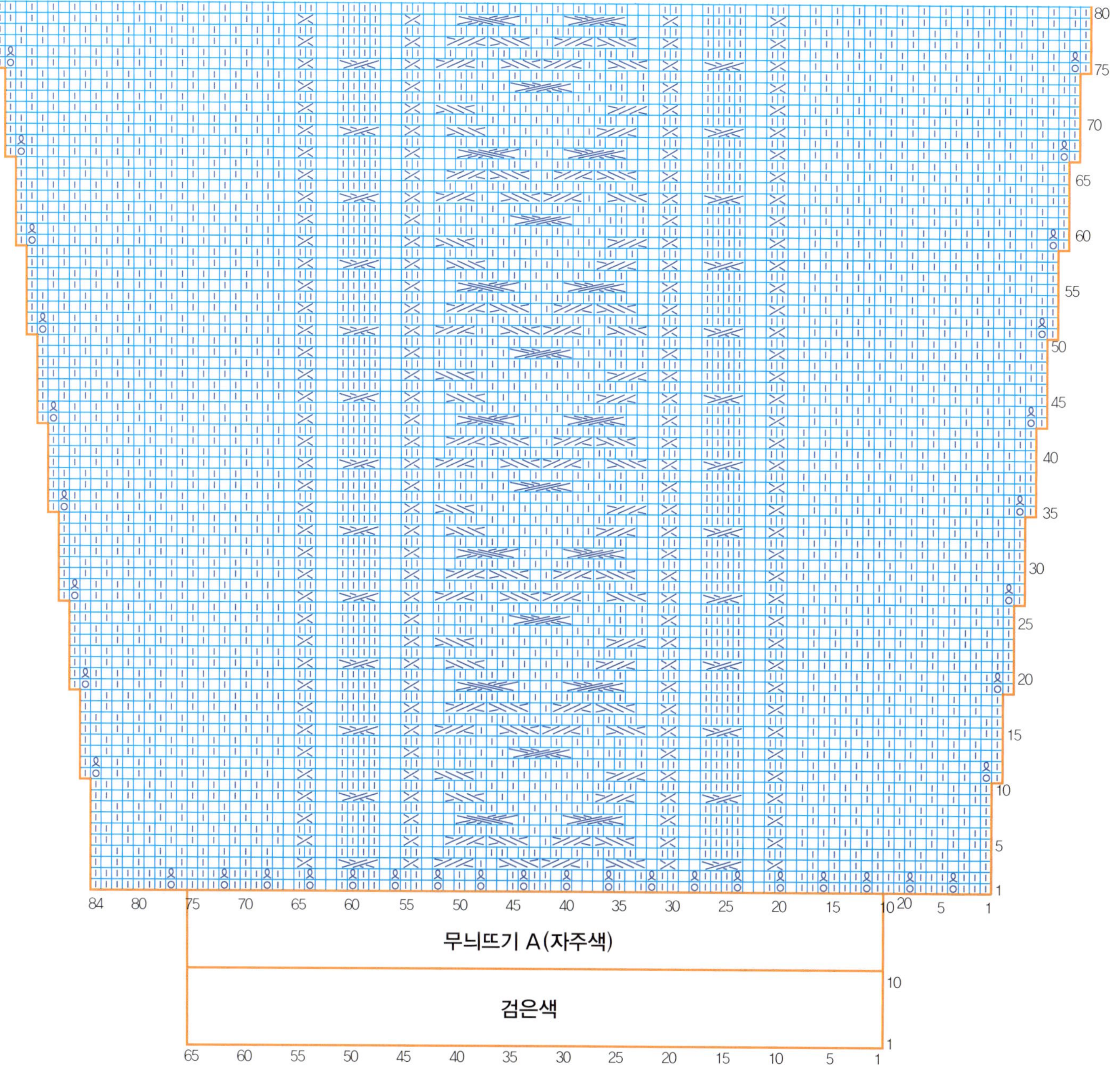
무늬뜨기 A(자주색)
검은색

붉은베이지 집업넥 풀오버

완성 치수: 가슴둘레 91cm, 길이 65cm, 소매길이 72cm
재료 및 도구: 실 – 505(붉은 베이지), 줄바늘 3.5mm / 5mm, 돗바늘, 지퍼 1개
게이지(10cm x10cm): 31코 31단
작품 사진: 11쪽

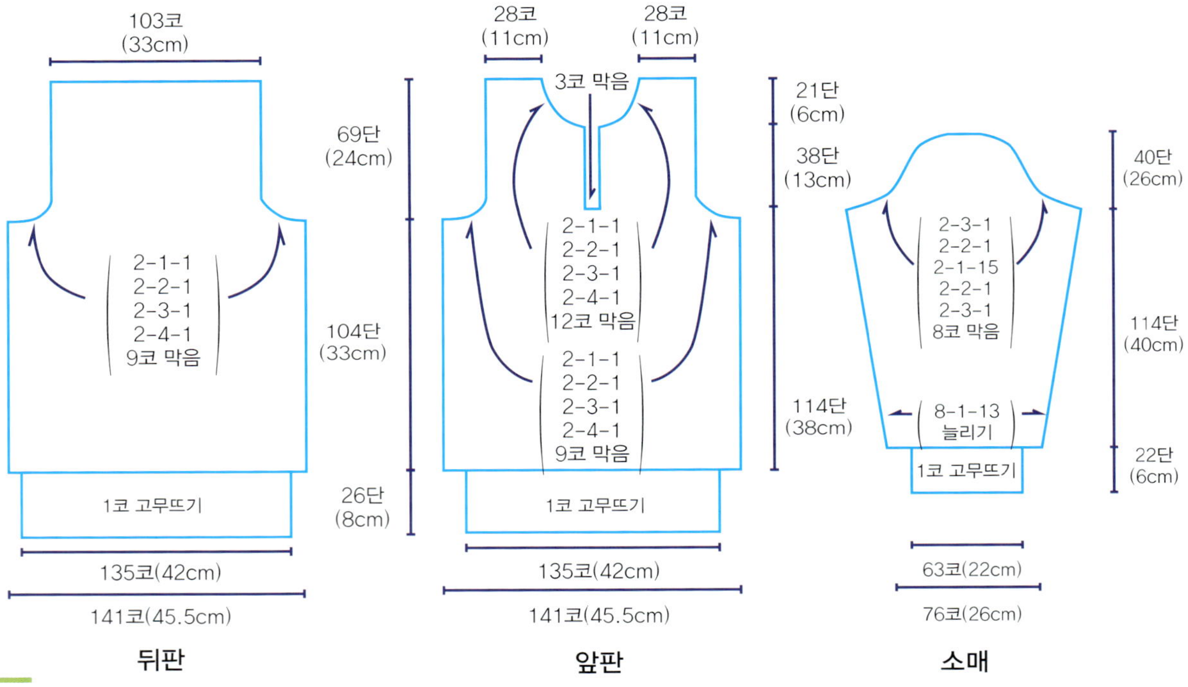

만드는 방법

뒤판

1. 3.5mm 줄바늘과 실을 이용해 흔들코 135코를 만들어 1코 고무뜨기로 26단을 뜬다.
2. 5mm 줄바늘로 바꾸어 6코를 늘려 141코가 되게 하고 도안 2를 참고해 무늬를 배치하여 무늬뜨기를 한다.
3. 도안 2를 참고해 진동 코줄임을 하여 뒤판을 완성한다.

앞판

1. 3.5mm 줄바늘과 실을 이용해 흔들코 135코를 만들어 1코 고무뜨기로 26단을 뜬다.
2. 5mm 줄바늘로 바꾼 후 6코를 늘려서 141코가 되게 하고 도안 3을 참고하여 앞 목둘레와 진동 코줄임을 해 앞판을 완성한다.
3. 앞, 뒤판이 완성되면 양어깨와 옆 솔기를 돗바늘로 꿰매어 몸판을 만든다.

소매

1. 3.5mm 줄바늘과 실을 이용해 흔들코 63코를 만들고 1코 고무뜨기 22단을 뜬다.
2. 5mm 줄바늘로 바꾸어 13코를 늘려 76코가 되게 하고 무늬뜨기 한다.
3. 소매는 도안 4를 참고하여 2장을 뜬다.
4. 완성된 소매는 각각 옆 솔기를 꿰매어 몸판에 달아 준다.

칼라

1. 5mm 줄바늘과 실을 이용해 앞판 중심의 오픈시킨 곳에서 59코를 주워 1코 끌어 고무뜨기로 8단을 뜨고 돗바늘로 꿰맨다.
2. 1이 끝나면 4mm 줄바늘과 실을 이용해 목둘레 전체에 125코를 주워 1코 고무뜨기로 38단을 뜬다.
3. 38단을 뜨고 반으로 접어 안쪽에서 감침질을 하여 완성한다.
4. 앞 중심의 위부터 칼라까지 지퍼를 달아 스포티한 집업넥 스타일을 완성한다.

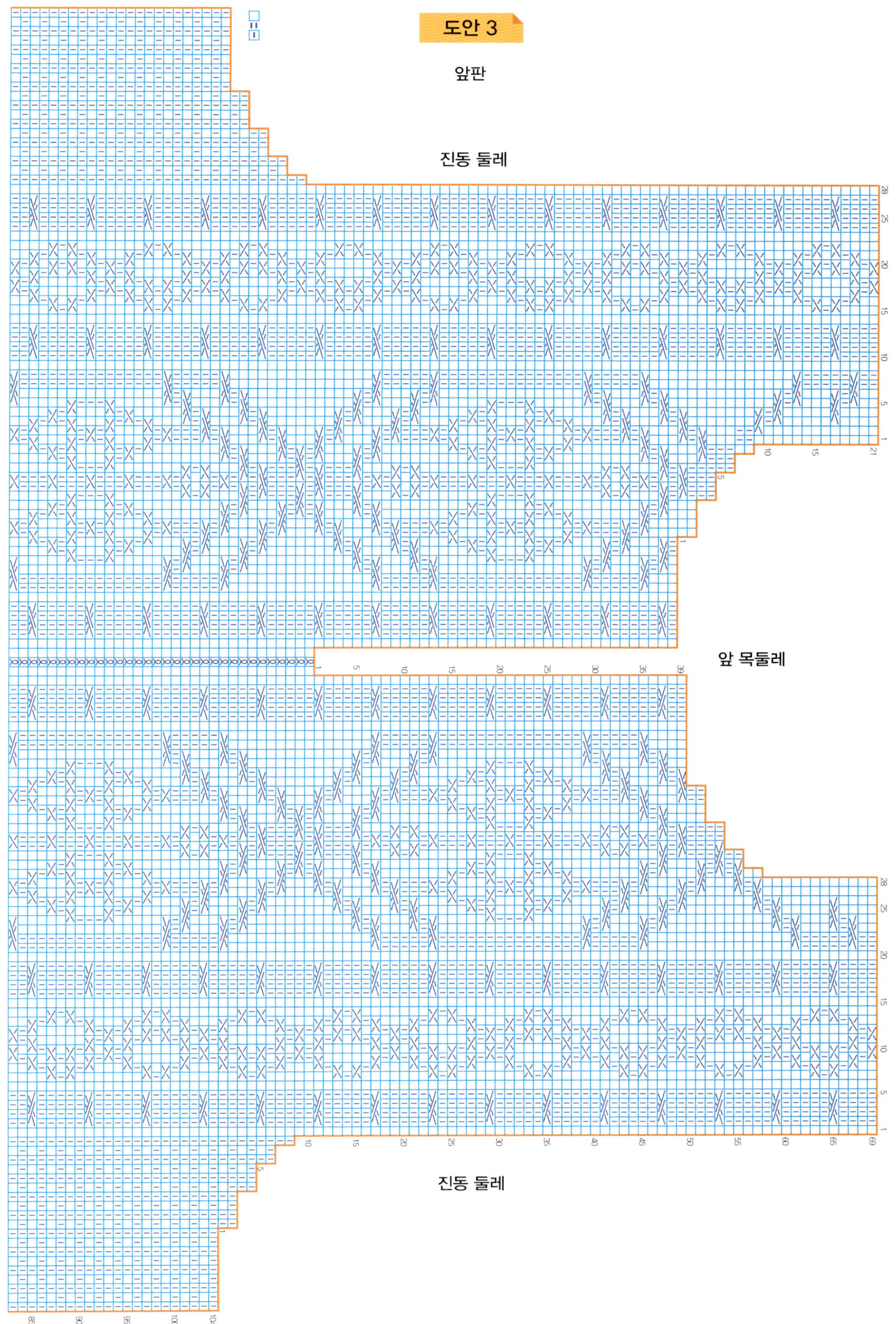

도안 3
앞판
진동 둘레
앞 목둘레
진동 둘레

도안 2
뒤판
진동 둘레
□ = −

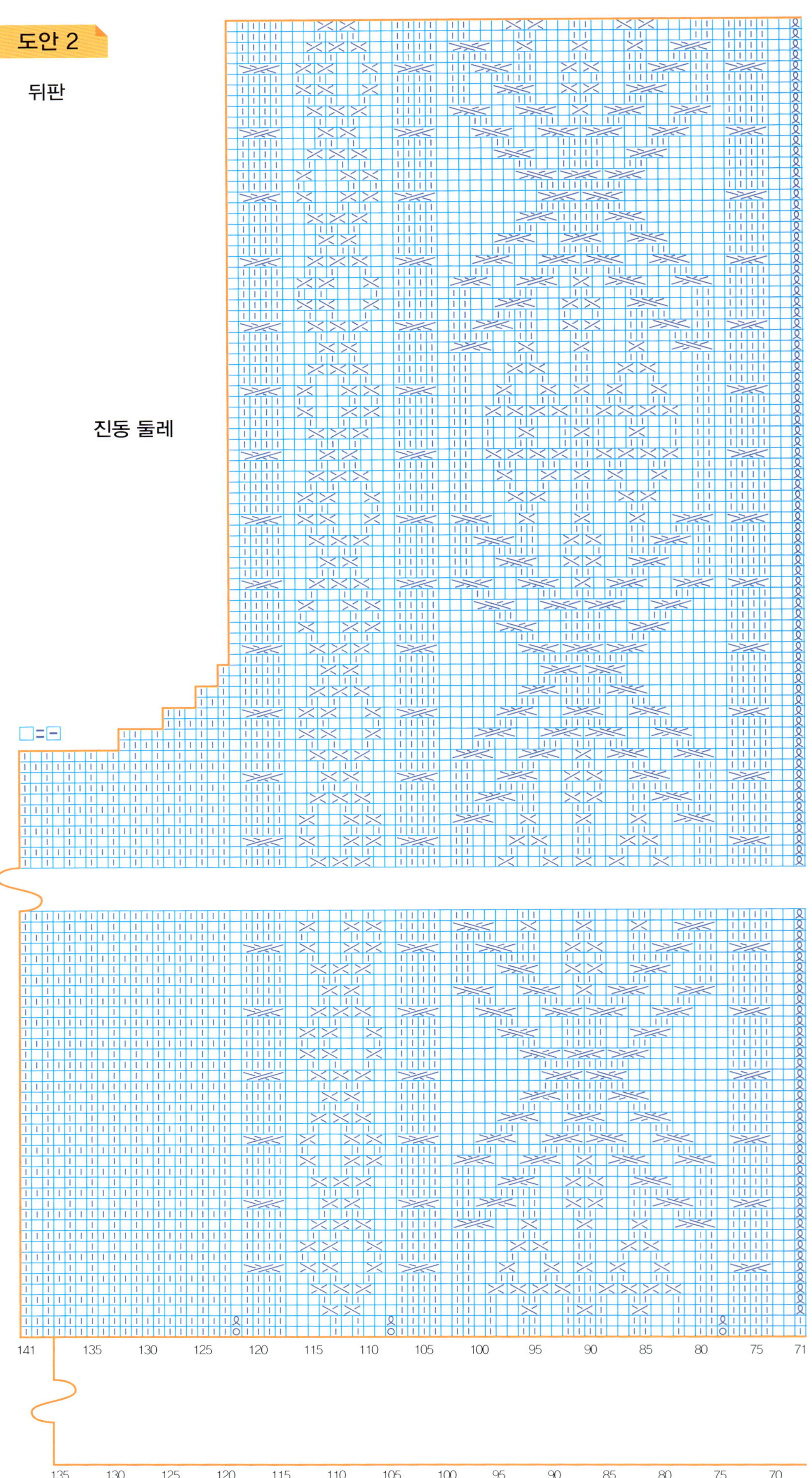

141 135 130 125 120 115 110 105 100 95 90 85 80 75 71
135 130 125 120 115 110 105 100 95 90 85 80 75 70

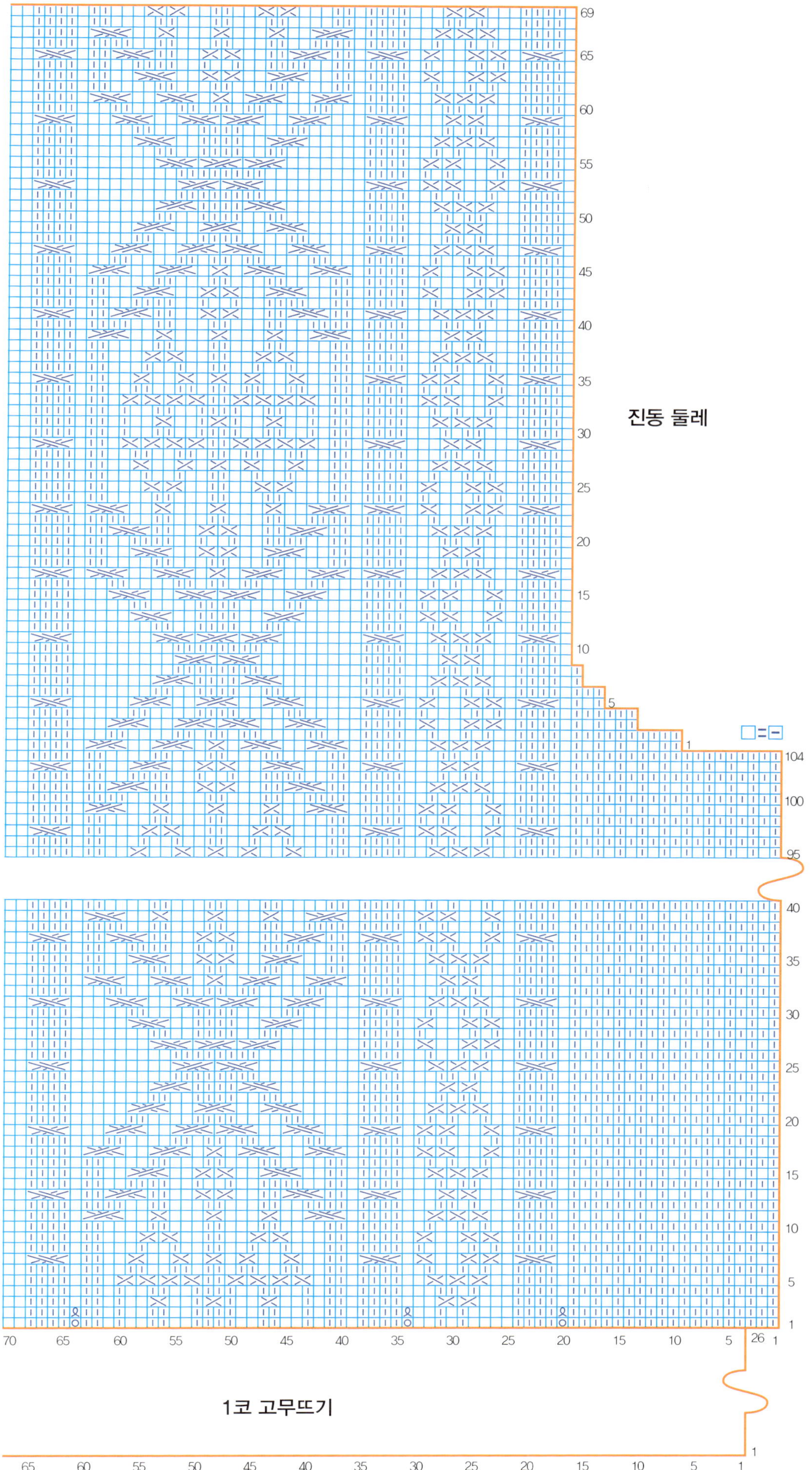

진동 둘레
□=□
1코 고무뜨기

도안 4
소매

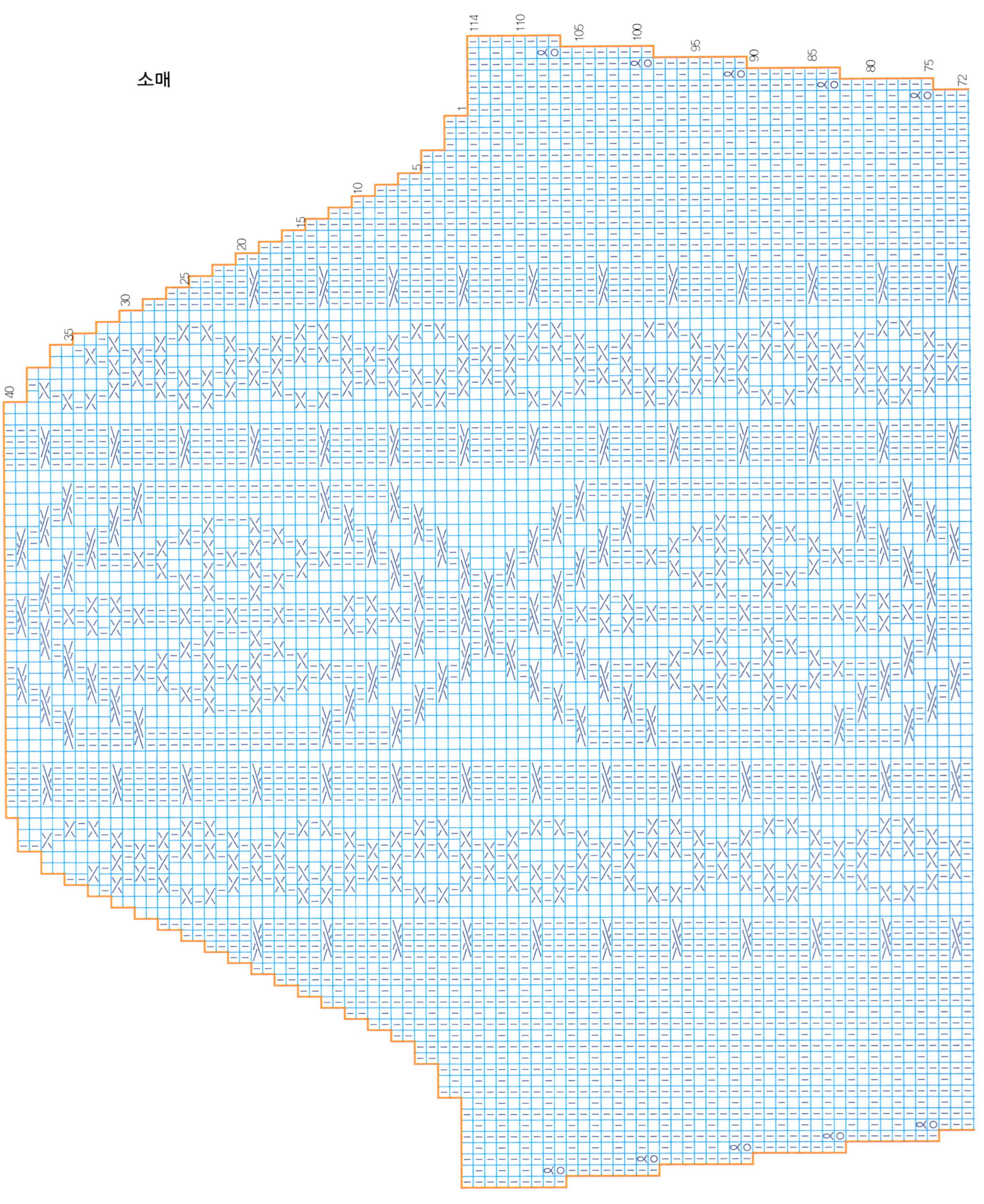

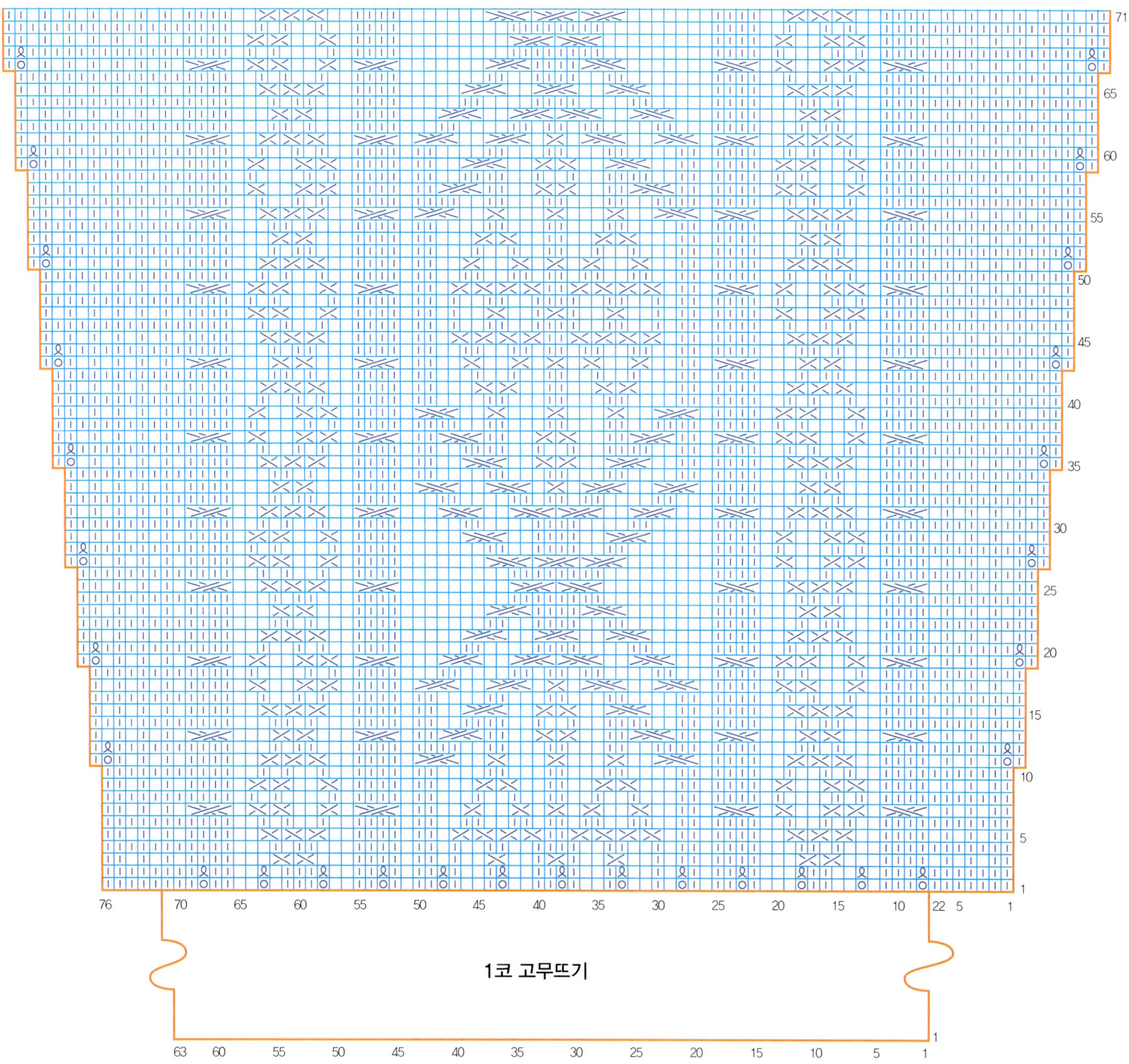
1코 고무뜨기

소매 트임 블라우스

완성 치수: 가슴둘레 97cm, 길이 58cm, 소매길이 57cm
재료 및 도구: 실 – 밤브(핑크 날염), 레이스 코바늘 2호, 단추 6개
게이지(10cm x10cm): 70코(무늬뜨기 A 2무늬+10코) 14단
작품 사진: 12쪽

도안 1

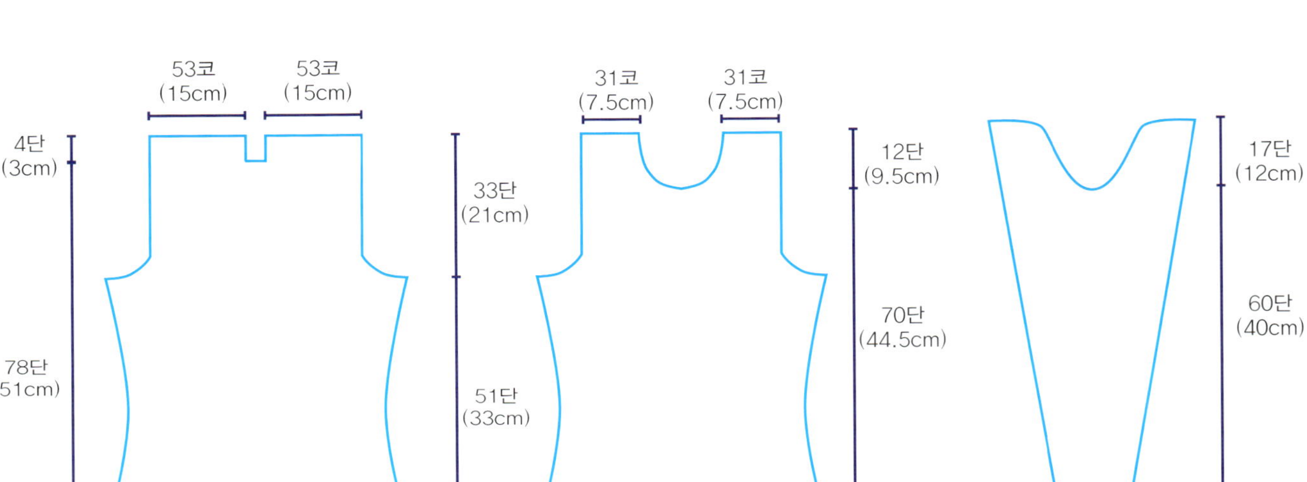

만드는 방법

뒤판

1. 사슬 168코를 만들어 무늬뜨기 A를 5무늬+18코로 시작한다.
2. 도안 2를 참고하여 허리 라인 코줄임을 한다.
3. 도안 3을 참고하여 진동 코줄임을 하고 목트임을 해 준다.

앞판

1. 사슬 198코를 만들어 무늬뜨기 A를 6무늬+18코로 시작한다.
2. 도안 2를 참고하여 허리 라인 코줄임을 해 준다.
3. 도안 3, 4를 참고하여 진동 둘레와 앞 목둘레의 코줄임을 한다.
4. 앞, 뒤 양어깨와 옆 솔기를 사슬뜨기하여 붙여 준다.

소매

1. 사슬 108코를 만들어 무늬뜨기 A 3무늬+18코로 시작한다.
2. 도안 5를 참고하여 옆 솔기 코늘림을 한다.
3. 도안 6을 참고하여 소매산을 만든다.
4. 똑같이 한 장을 더 만들어 준다.
5. 오픈된 곳을 사슬뜨기로 1단 뜨고 되돌아 짧은뜨기 1단을 더 뜬 뒤 중간중간 묶어 준다.

1. 목단은 150코로 무늬뜨기 B를 74무늬+2코로 시작해서 12단을 뜨고 13단째는 옆 솔기까지 짧은뜨기로 하고 14단째에 되돌 아 짧은뜨기로 마무리한다.

2. 목단 뒤쪽을 오픈시켜 단춧구멍 2개를 만들고 단추를 달아 입고 벗기 편하게 만들어 준다.

3. 소맷단은 80코를 무늬뜨기 B 39무늬+2코로 시작해서 12단을 뜨고 13단째는 옆 솔기까지 짧은뜨기를 하고 14단째에 되돌 아 짧은뜨기로 마무리한다.

4. 소맷단은 오른쪽과 왼쪽이 좌우 대칭이 되도록 각각 단춧구멍 2개를 내고 단추 2개씩을 달아 준다.

5. 밑단은 앞, 뒤판을 통으로 짧은뜨기 1단을 뜨고 무늬뜨기 C를 19무늬로 떠서 마친다.

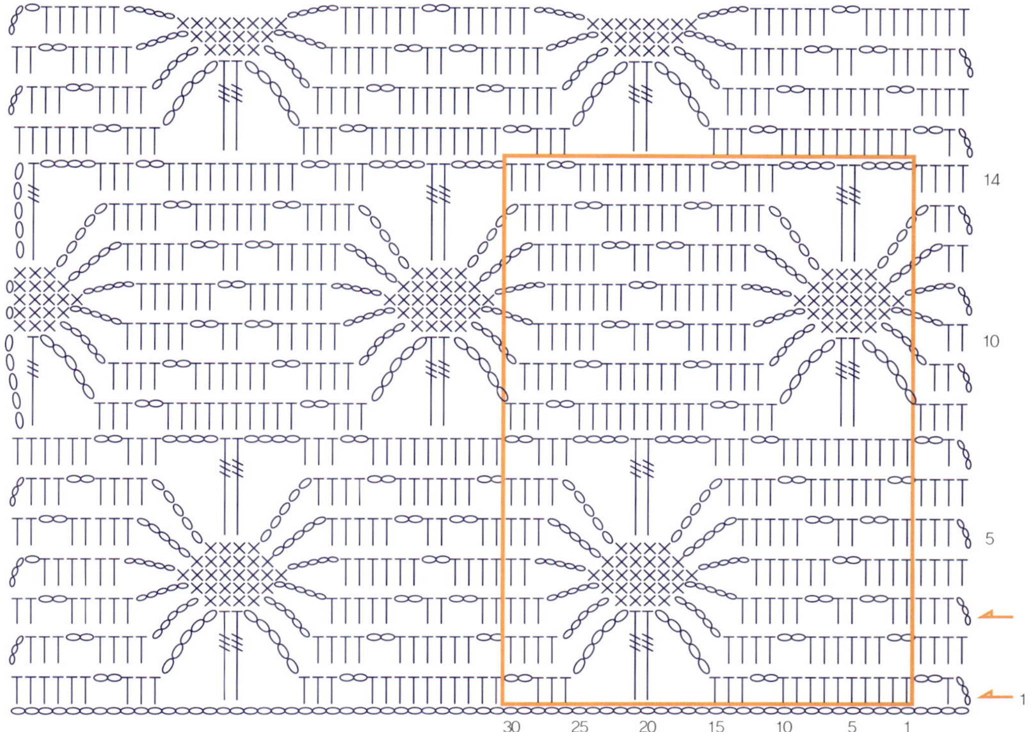

무늬뜨기 A(30코 14단 1무늬, ┃ = ┦ 1길 긴뜨기)

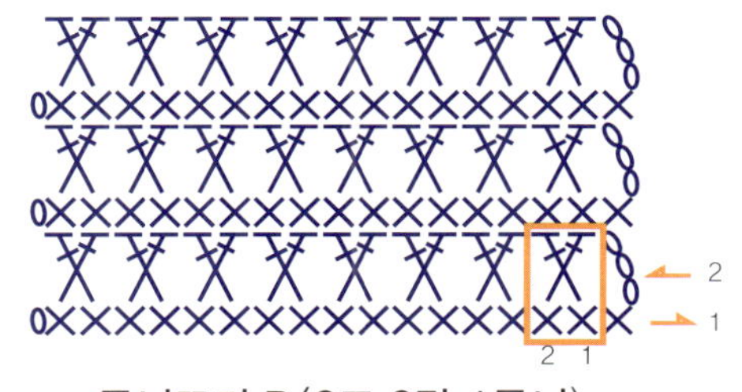

무늬뜨기 B(2코 2단 1무늬)

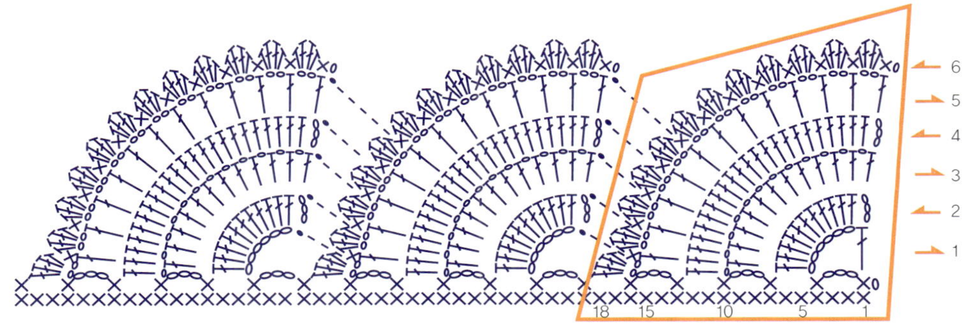

무늬뜨기 C(18코 6단 1무늬)

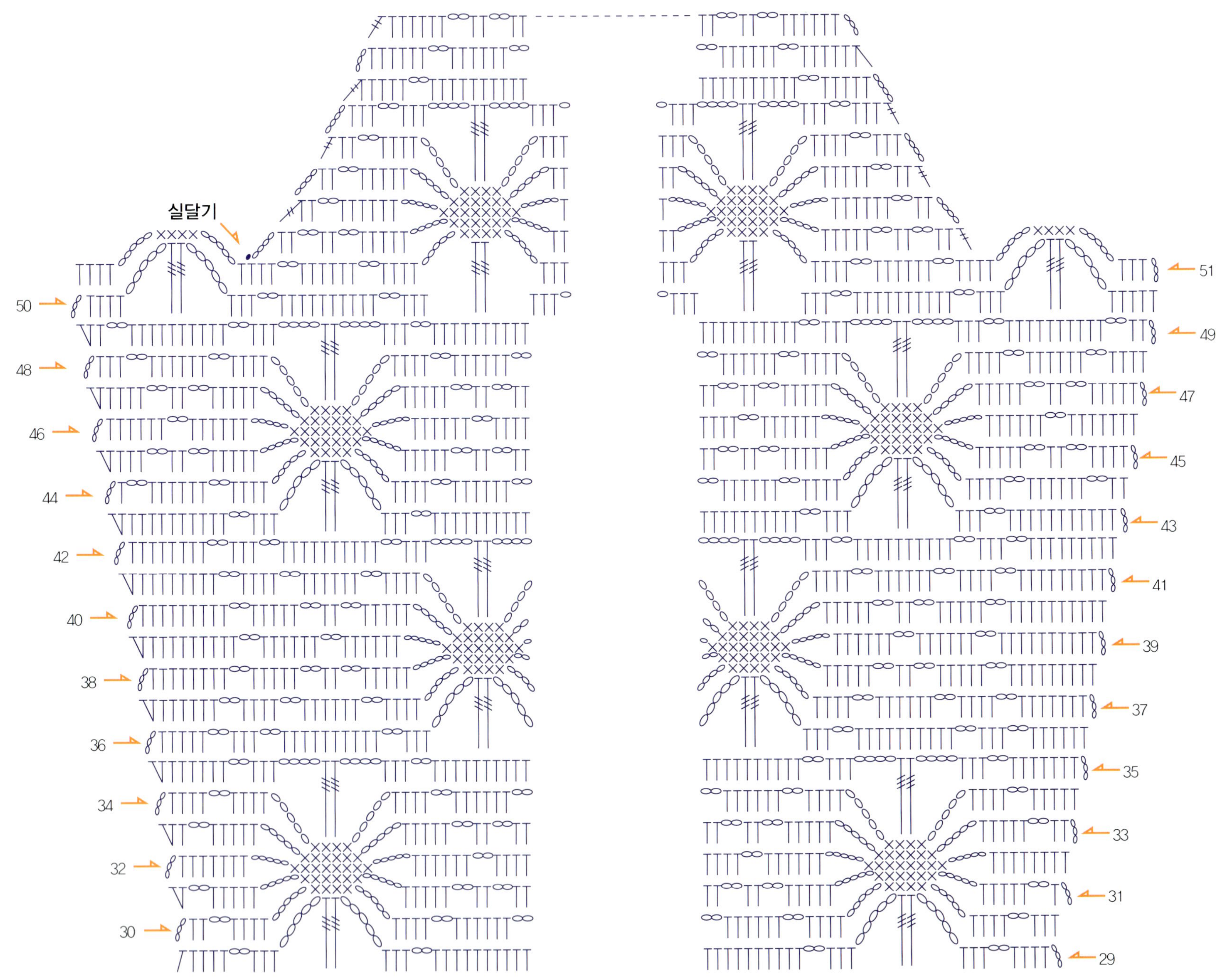

실달기
도안 2
50
48
46
44
42
40
38
36
34
32
30
51
49
47
45
43
41
39
37
35
33
31
29

앞뒤 옆 솔기 코줄임 1~51단 (⊤ = ⼲ 1길 긴뜨기)

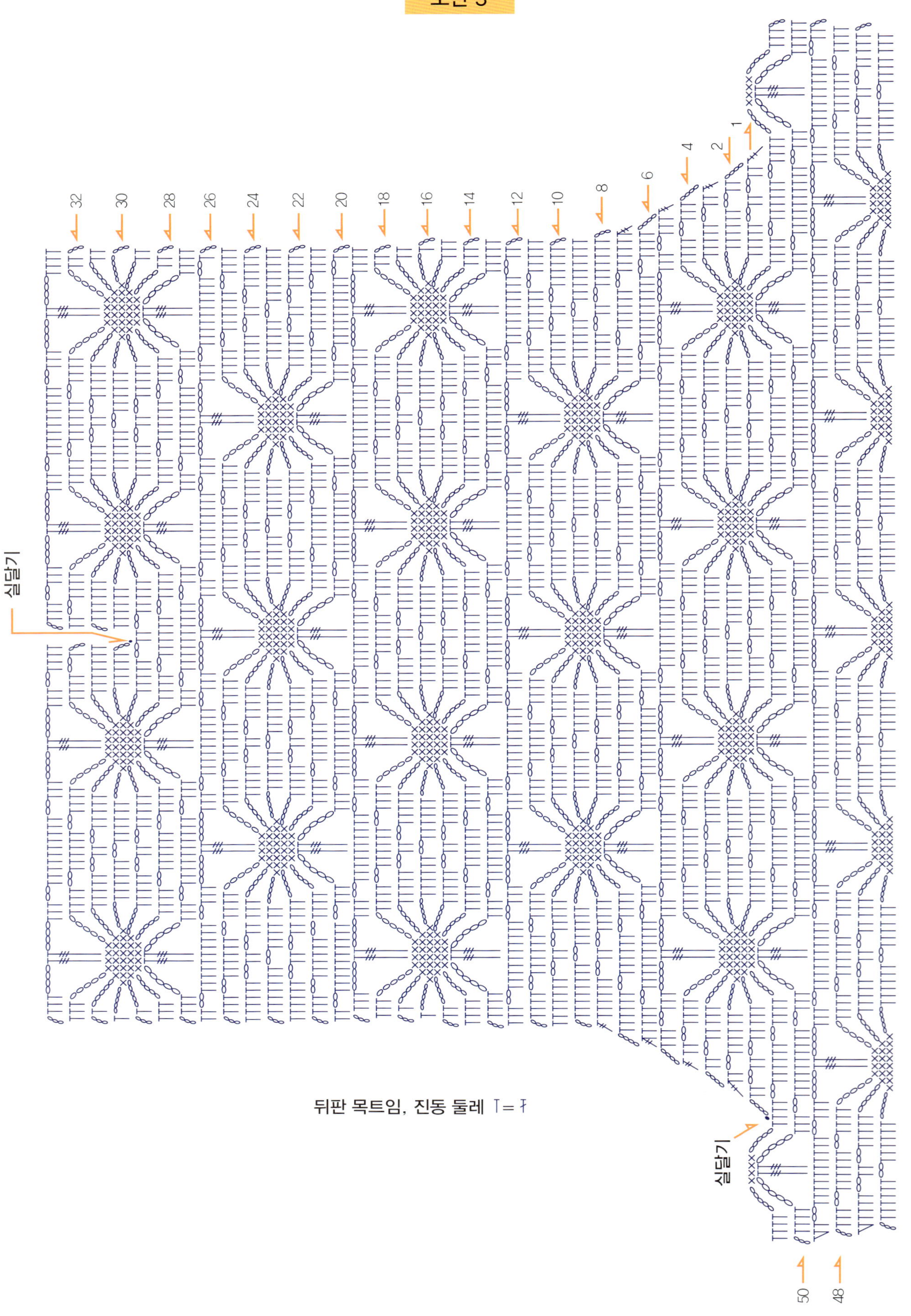
도안 3
32 30 28 26 24 22 20 18 16 14 12 10 8 6 4 2 1
실달기
뒤판 목트임, 진동 둘레 T = Ŧ
실달기
50 48

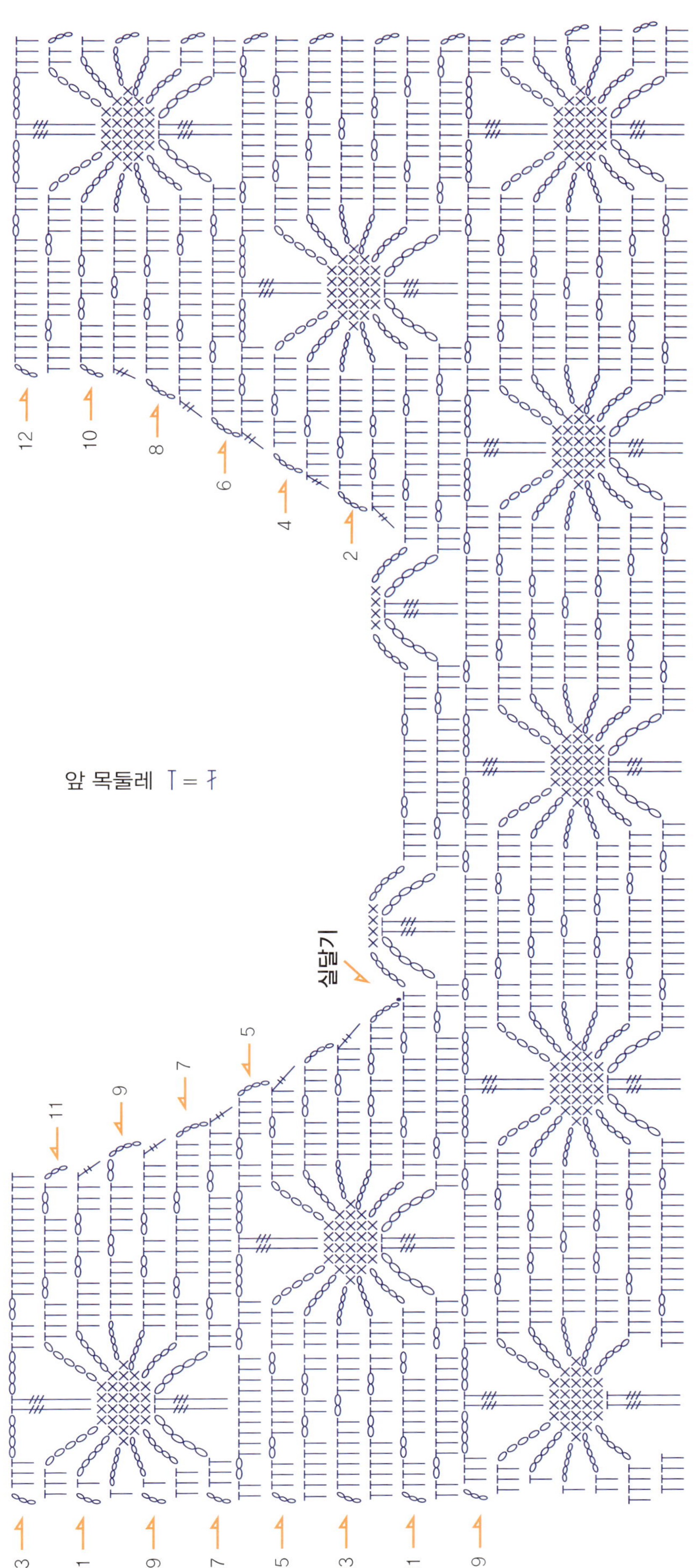
앞 목둘레 T = T
실달기
12
10
8
6
4
2
11
9
7
5
33
31
29
27
25
23
21
19

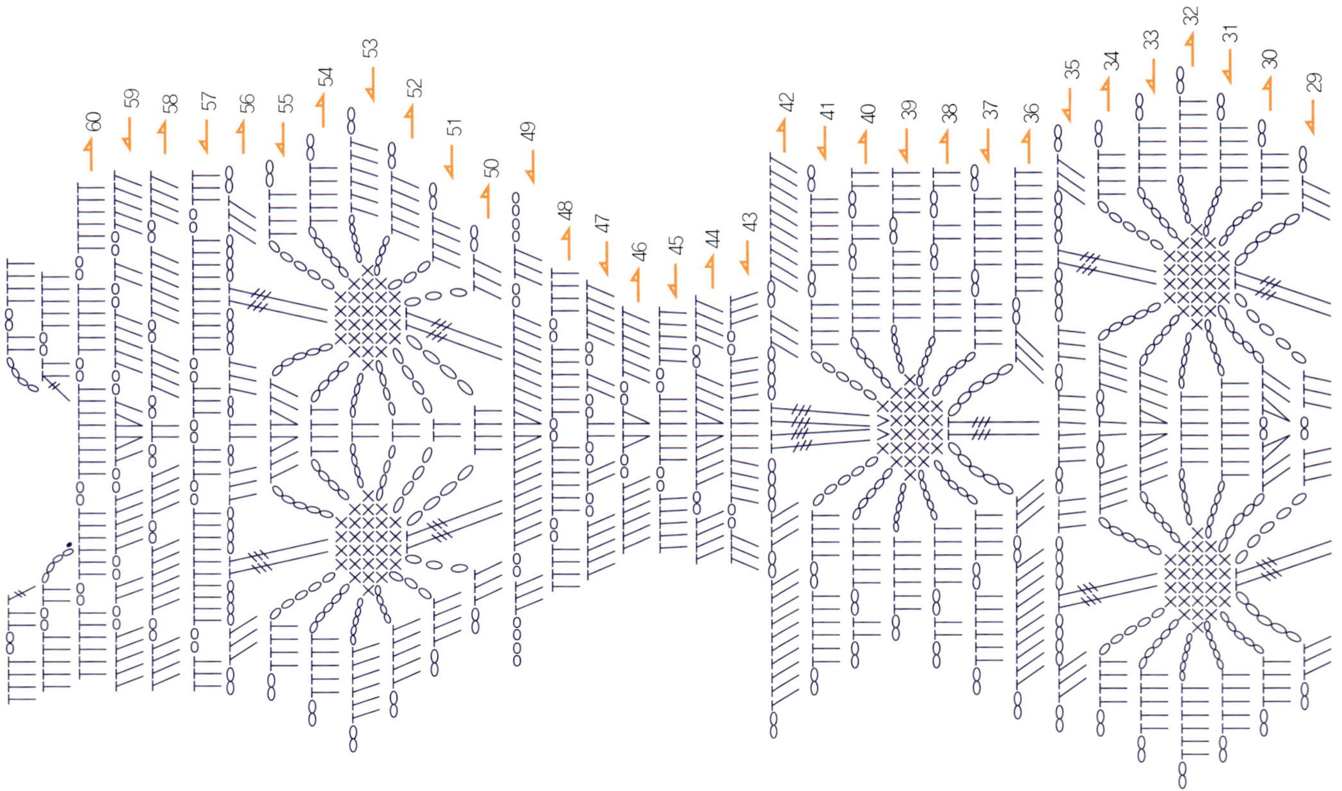

소매 옆 솔기 코늘림(1~60단) ⊤ = ⊤

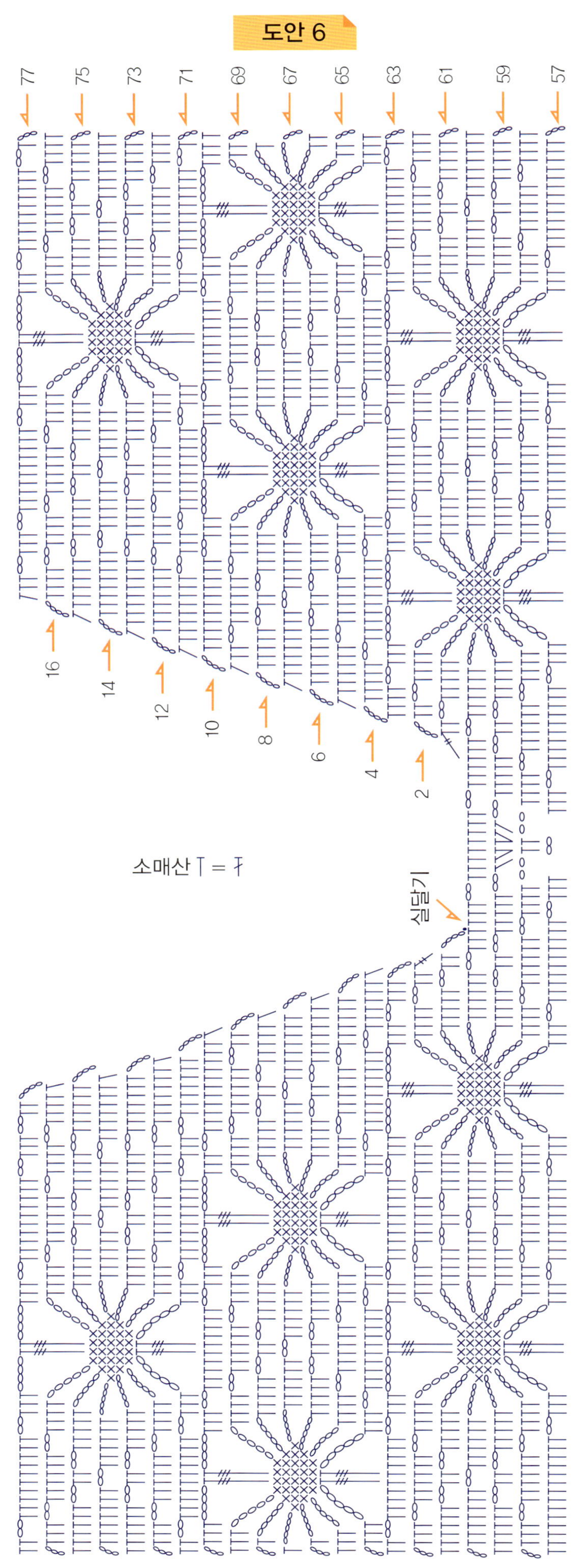

77
75
73
71
69
67
65
63
61
59
57
16
14
12
10
8
6
4
2
소매산 ⊤ = ⊤
실달기

브이넥 박스 조끼

완성 치수: 가슴둘레 100cm, 길이 58cm
재료 및 도구: 실 – 5PLY(아이보리), 줄바늘 2.5mm / 4mm, 돗바늘,
　　　　　　　모사용 코바늘 2호
게이지(10cm x10cm): 32.6코 36.7단
작품 사진: 13쪽

도안 1

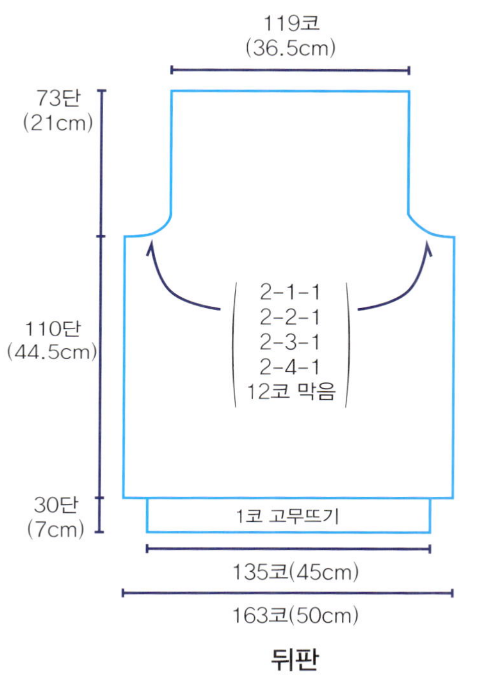

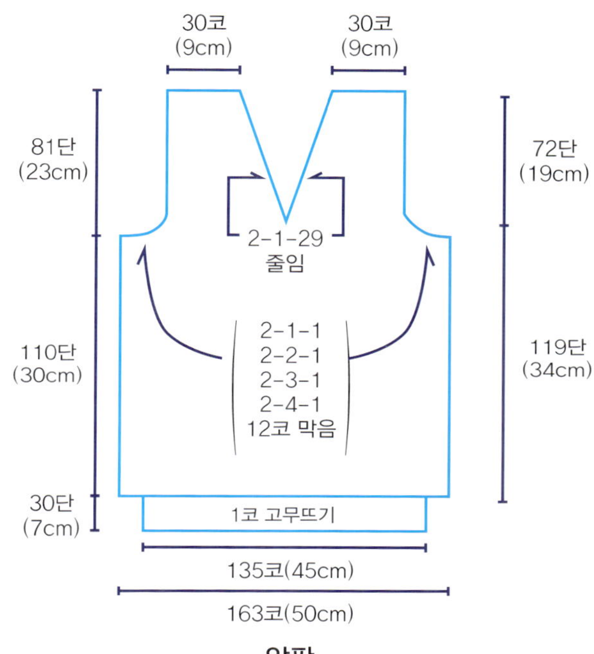

만드는 방법

뒤판

1. 2.5mm 줄바늘과 실을 이용해 흔들코 135코를 만들고, 1코 고무뜨기로 30단을 뜬다.

2. 4mm 줄바늘로 바꾸어 28코 늘려 163코가 되게 하고 무늬뜨기를 한다.(도안 2)

3. 도안 2를 참고하여 뒤판 무늬뜨기와 진동 코줄임을 하여 완성한다.

앞판

1. 뒤판 뜨기 1, 2와 동일하게 떠 준다.

2. 앞판의 진동 코줄임과 브이넥 코줄임은 도안 3을 참고하여 앞판을 완성한다.

단

1. 앞, 뒤판 옆 솔기와 어깨 부분을 돗바늘로 꿰매어 준다.

2. 2.5mm 줄바늘과 실을 이용해 목둘레에서 206코를 주워 1코 고무뜨기를 하는데 앞 중심에 1코 막음한 코를 기둥코로 해서 매단
　　2코씩 줄여 기둥을 세우며 10단 뜨고 돗바늘로 꿰매어 마무리한다.

3. 2.5mm 줄바늘과 실을 이용해 진동 둘레에서 각각 184코를 주워 1코 고무뜨기로 8단을 뜨고 돗바늘로 꿰매어 마무리한다.

뒤판

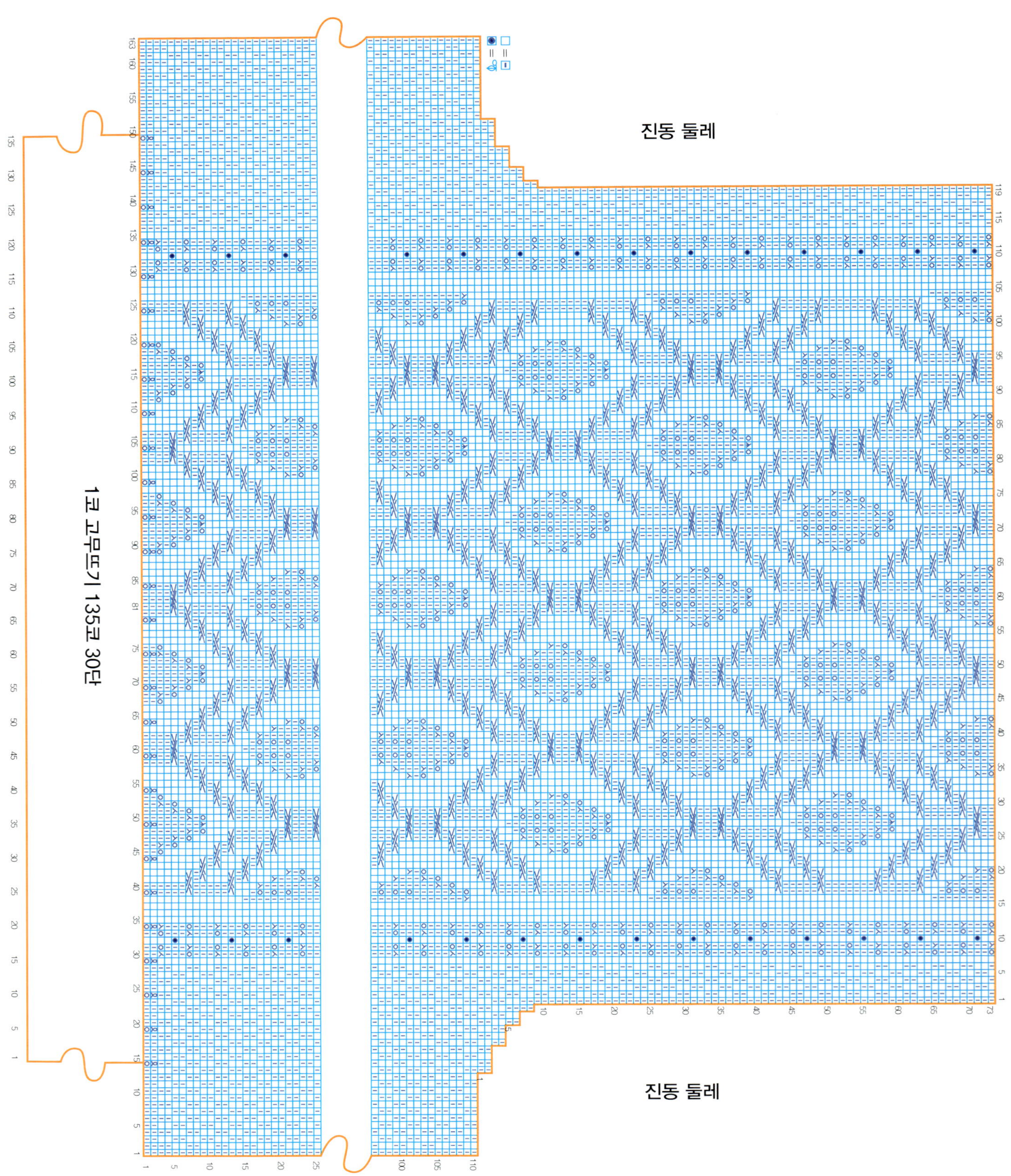

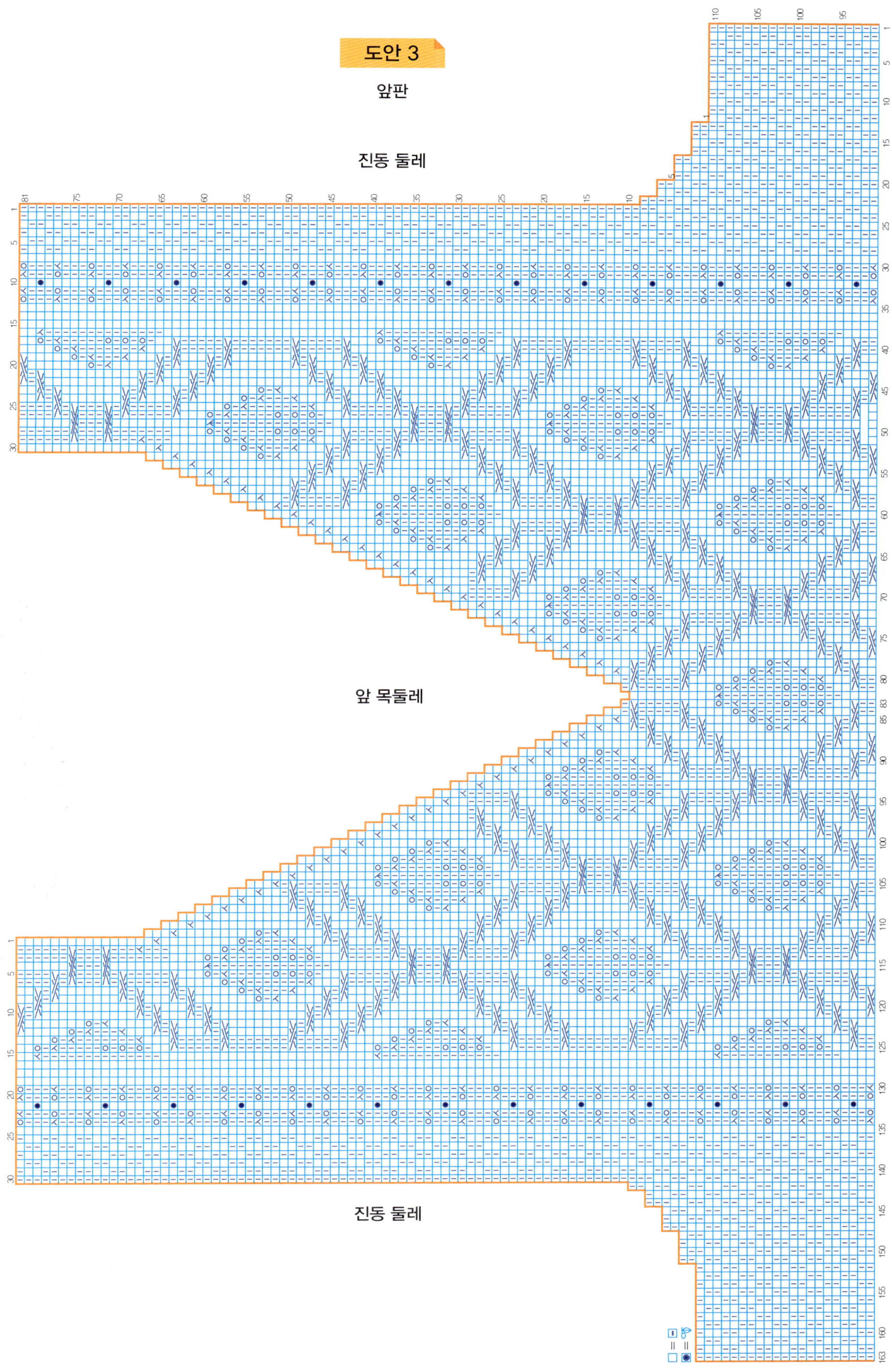
도안 3
앞판
진동 둘레
앞 목둘레
진동 둘레

줄무늬 조끼

완성 치수: 가슴둘레 90cm, 길이 49cm
재료 및 도구: 실 – 7PLY(베이지), 림보, 흰색 금사, 검정 금사,
줄바늘 4.5mm, 돗바늘
게이지(10cm x10cm): 33코 37단
작품 사진: 14쪽

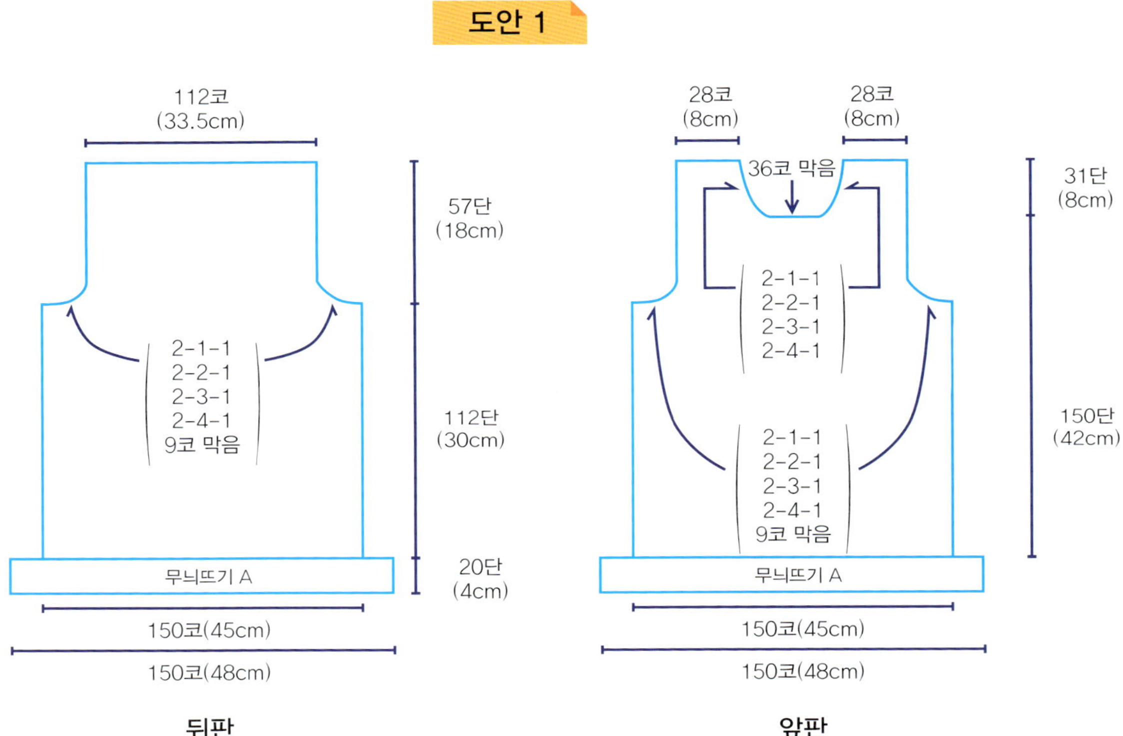

만드는 방법

뒤판

1. 4.5mm 줄바늘과 실(베이지+흰색 금사)을 이용해 흔들코 150코를 만들고 무늬뜨기 A로 20단을 뜬다.
2. 단뜨기가 끝나면 도안 2를 참고로 무늬 배치를 하고 무늬뜨기를 해 준다.
3. 도안 2를 참고해 진동 코줄임을 하여 뒤판을 완성한다.

앞판

1. 4.5mm 줄바늘과 실(베이지+흰색 금사)로 흔들코 150코를 만들어 시작해 무늬뜨기 A로 20단을 뜬다.
2. 단뜨기가 끝나면 무늬뜨기를 하는데 도안 3을 참고하여 진동 둘레 코줄임과 앞 목둘레 코줄임을 하여 앞판을 완성한다.
3. 앞, 뒤판의 단수를 맞추고 실을 바꾸어 가며 뜬다.(밑단부터 본판 무늬단 18단: 베이지+흰색 금사, 19~40단: 회갈 날염+ 검정 금사, 41~62단: 베이지+흰색 금사, 63~86단: 회갈 날염+검정 금사, 87~106단: 베이지+흰색 금사, 107~진동 둘레 코줄임 18단: 회갈 날염+검정 금사, 코줄임 19~40단: 베이지+흰색 금사, 41~ 마지막 단: 회갈 날염+검정 금사)
4. 양어깨와 옆 솔기를 돗바늘로 꿰매어 몸판을 완성한다.

1. 양쪽 진동 둘레에서 각각 108코를 주워 무늬뜨기 A로 6단을 뜨고 돗바늘로 마무리한다.

2. 목둘레에서는 144코를 주워 무늬뜨기 B를 24무늬로 시작해 14단을 뜨고 돗바늘로 꿰매어 완성한다.

무늬뜨기 A(2코4단 1무늬)

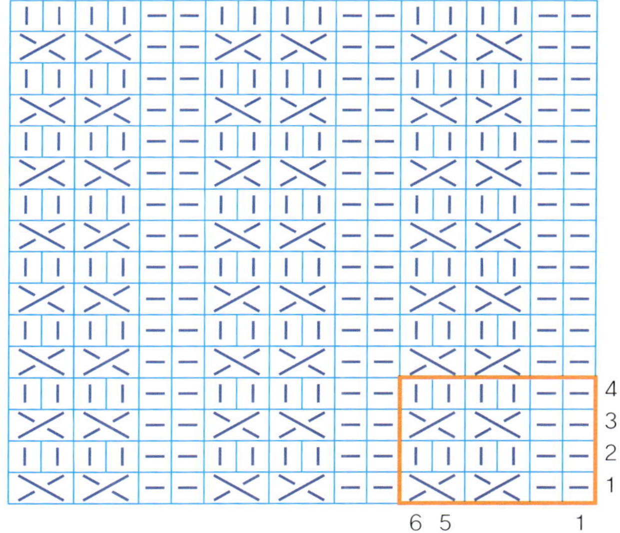

무늬뜨기 B(6코4단 1무늬)

뒤판

진동 둘레

112 110 105 100 95 90 85 80 75 70 65 60 57
□=−
V=
5
150 145 140 135 130 125 120 115 110 105 100 95 90 85 80 76

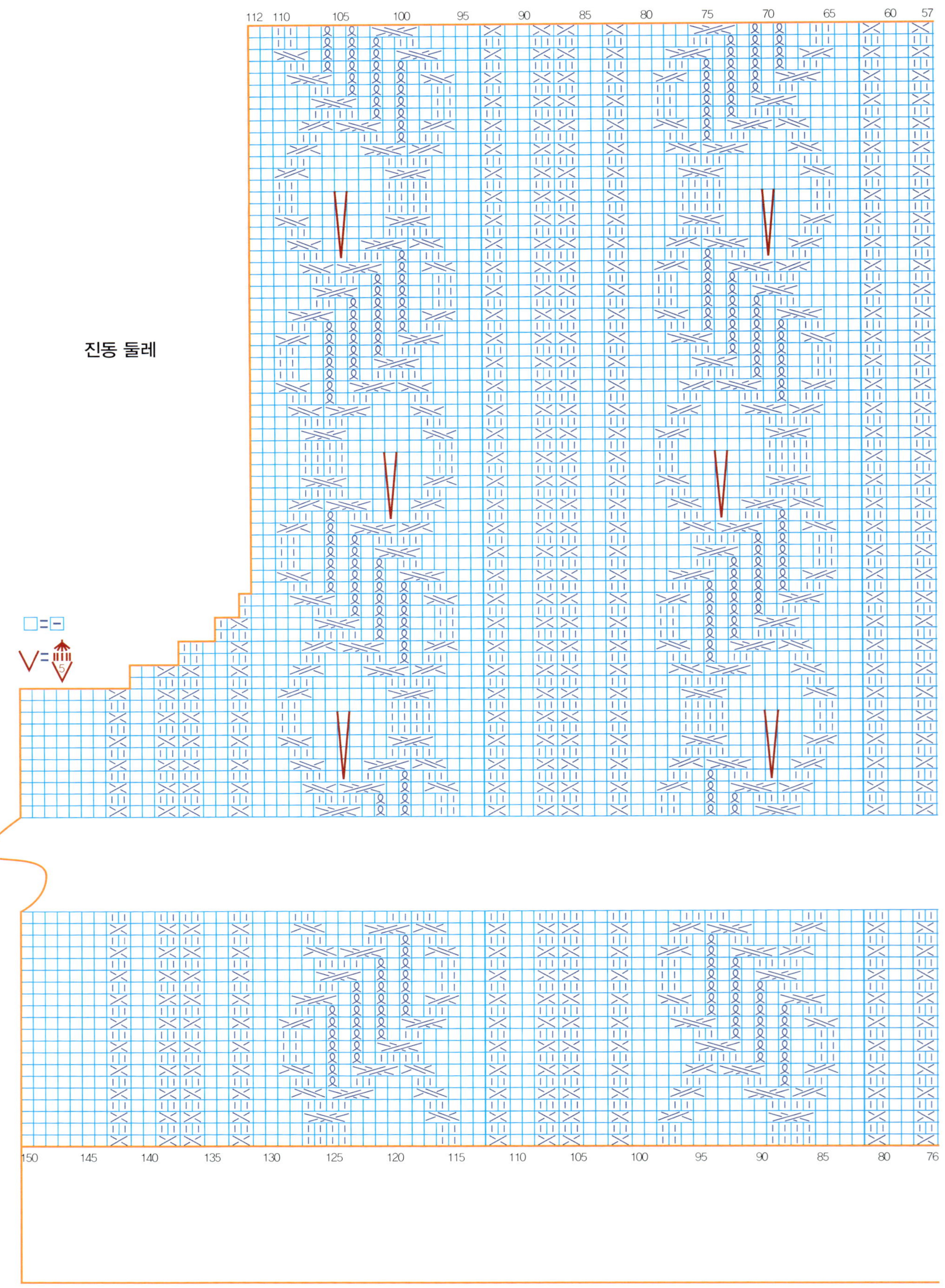

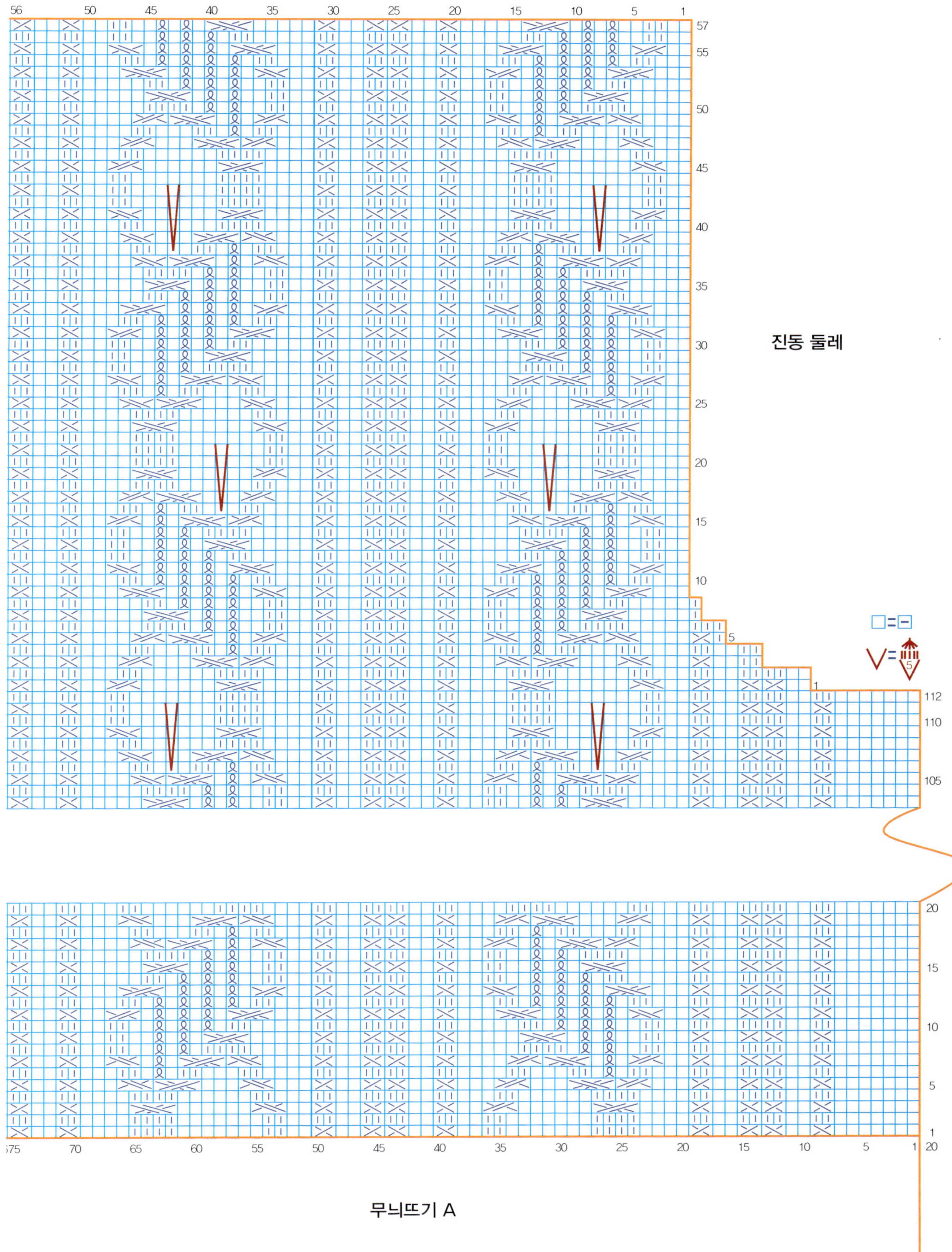

71

앞판

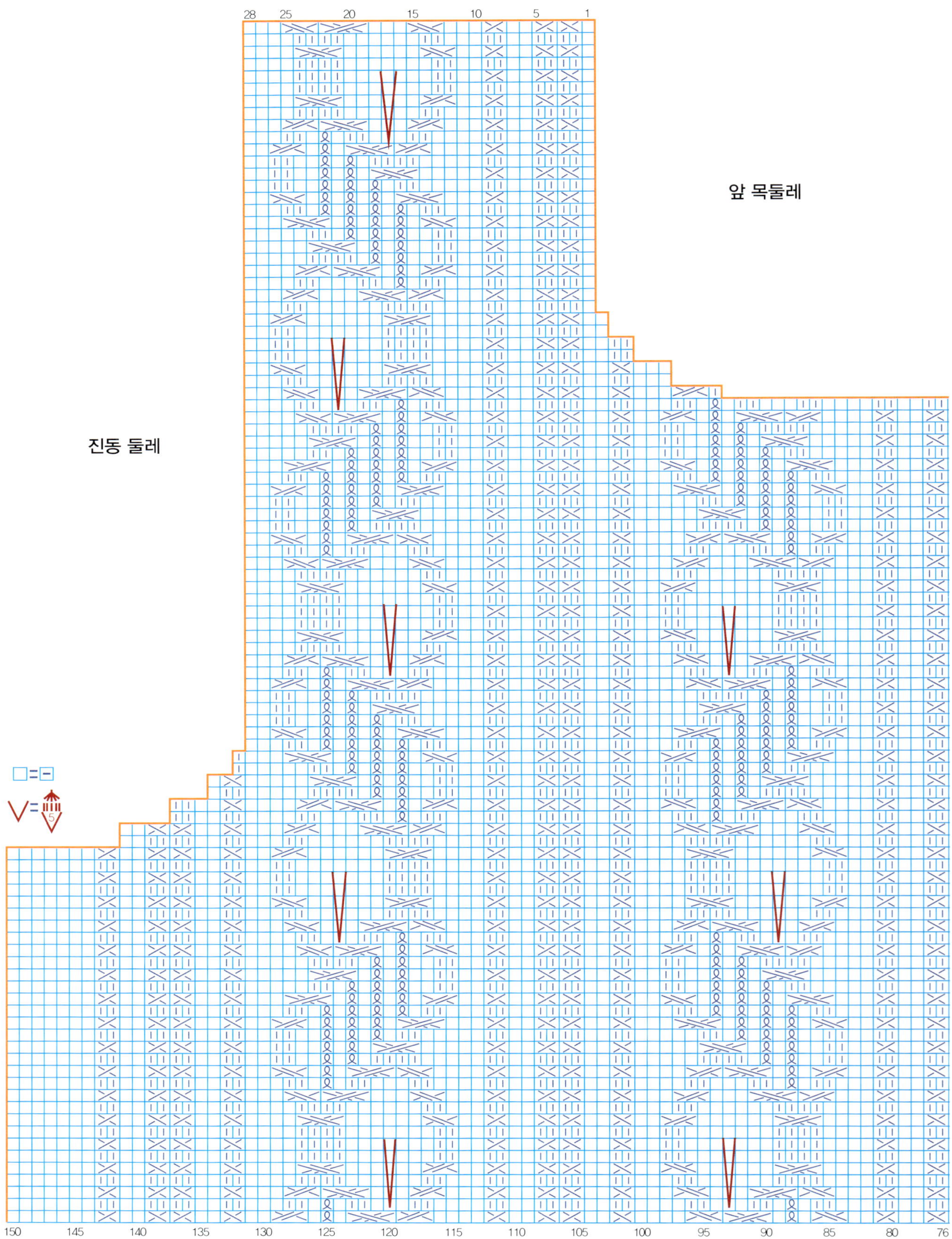

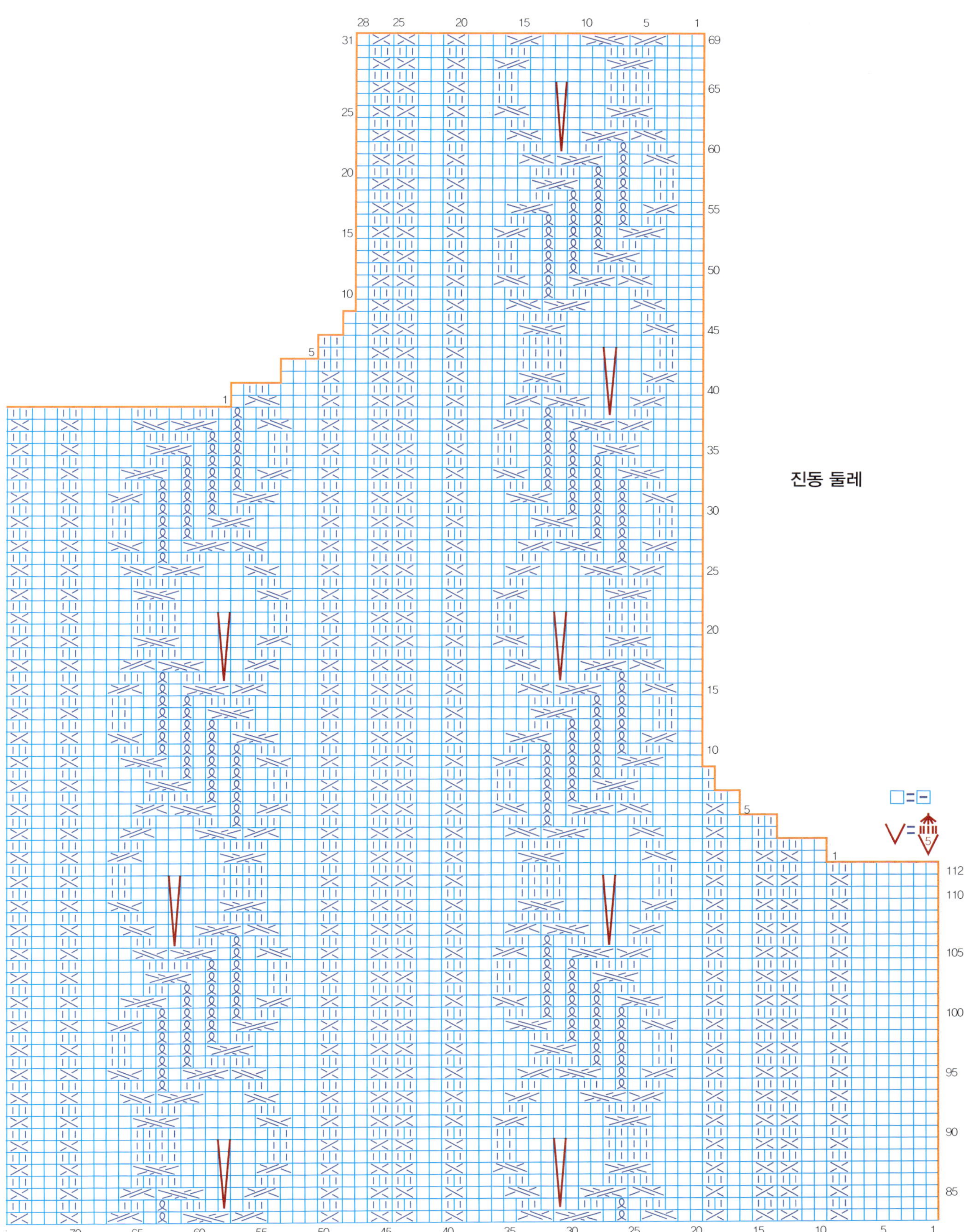

진동 둘레
□=□
V=5

진한 황색 브이넥 풀오버

완성 치수: 가슴둘레 101cm, 길이 63.5cm, 소매길이 55cm
재료 및 도구: 실 – 빈센트(갈색), 줄바늘 4mm / 5mm, 돗바늘
게이지(10cm x10cm): 29코 34.5단
작품 사진: 15쪽

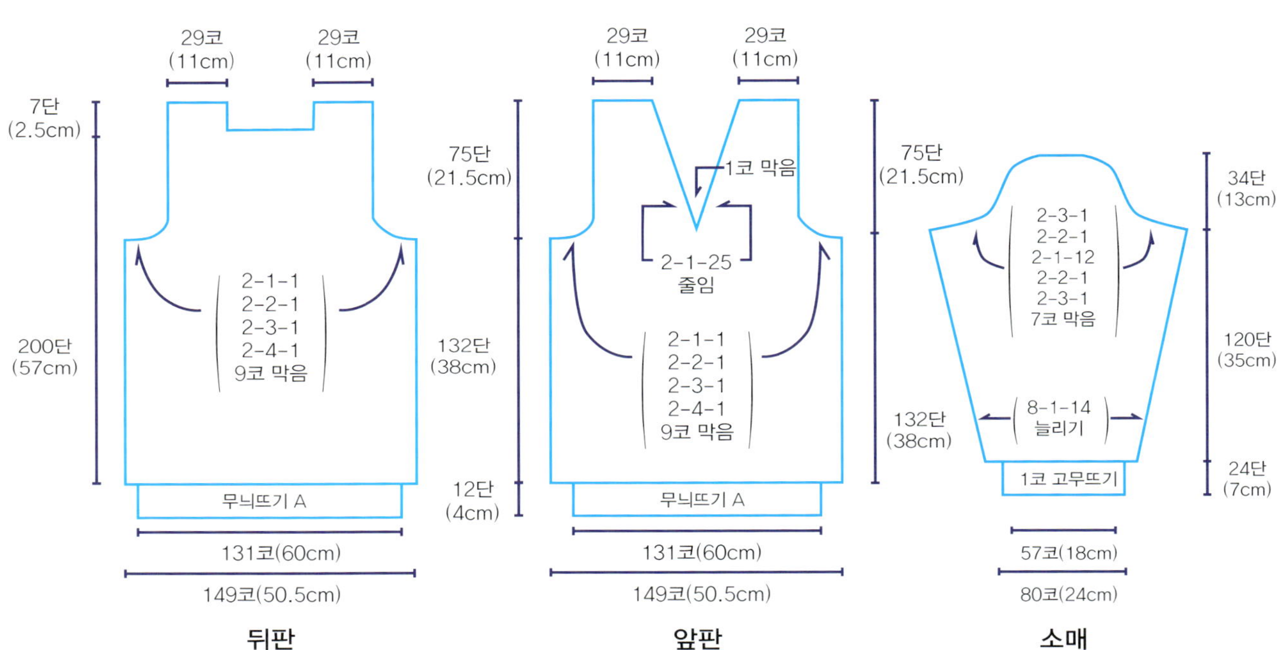

만드는 방법

뒤판

1. 4mm 줄바늘과 실(빈센트 3올)을 이용해 흔들코 131코를 만들어 무늬뜨기 A로 12단을 뜨고 5mm 줄바늘로 바꾸어 18코를 늘려 146코가 되게 한다.
2. 도안 2를 참고해 무늬 배치를 하고 무늬뜨기를 해 준다.
3. 진동 둘레 코줄임은 도안 2를 참고한다.
4. 뒤 목둘레 만들기도 도안 2를 참고한다.

앞판

1. 4mm 줄바늘과 실(빈센트 3올)을 이용해 흔들코 131코를 만든다. 시작은 뒤판 뜨기 1, 2와 동일하게 한다.
2. 진동 둘레 코줄임은 도안 3을 참고한다.
3. 앞 목둘레는 도안 3을 참고한다.
4. 앞, 뒤판이 완성되면 어깨와 옆 솔기를 돗바늘로 꿰매 준다.

소매

1. 4mm 줄바늘과 실(빈센트 3올)을 이용해 흔들코 57코를 만들고 1코 고무뜨기로 24단을 뜬다.

2. 5mm 줄바늘로 바꾸어 23코 늘려 80코가 되게 하고 도안 4를 참고하여 소매뜨기를 한다.

3. 똑같이 한 장을 더 뜨는데, 가운데 무늬는 좌, 우 마주보게 배치하여 뜬다.

4. 완성되면 옆 솔기를 돗바늘로 꿰매어 각각 몸판에 달아 준다.

칼라

1. 4mm 줄바늘과 실(빈센트 3올)을 이용하여 앞, 뒤 목둘레에서 214코를 주워 1코 고무뜨기로 10단을 뜨는데 앞 중심에 2코 줄임을 하여 중심 기둥 세우기를 한다.

2. 완성되면 돗바늘로 꿰매어 완성한다.

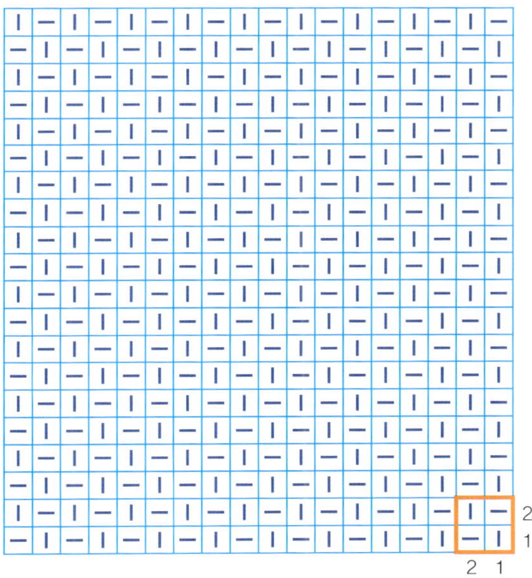

무늬뜨기 A(2코 2단 1무늬)

도안 2
뒤판
뒤 목둘레
진동 둘레

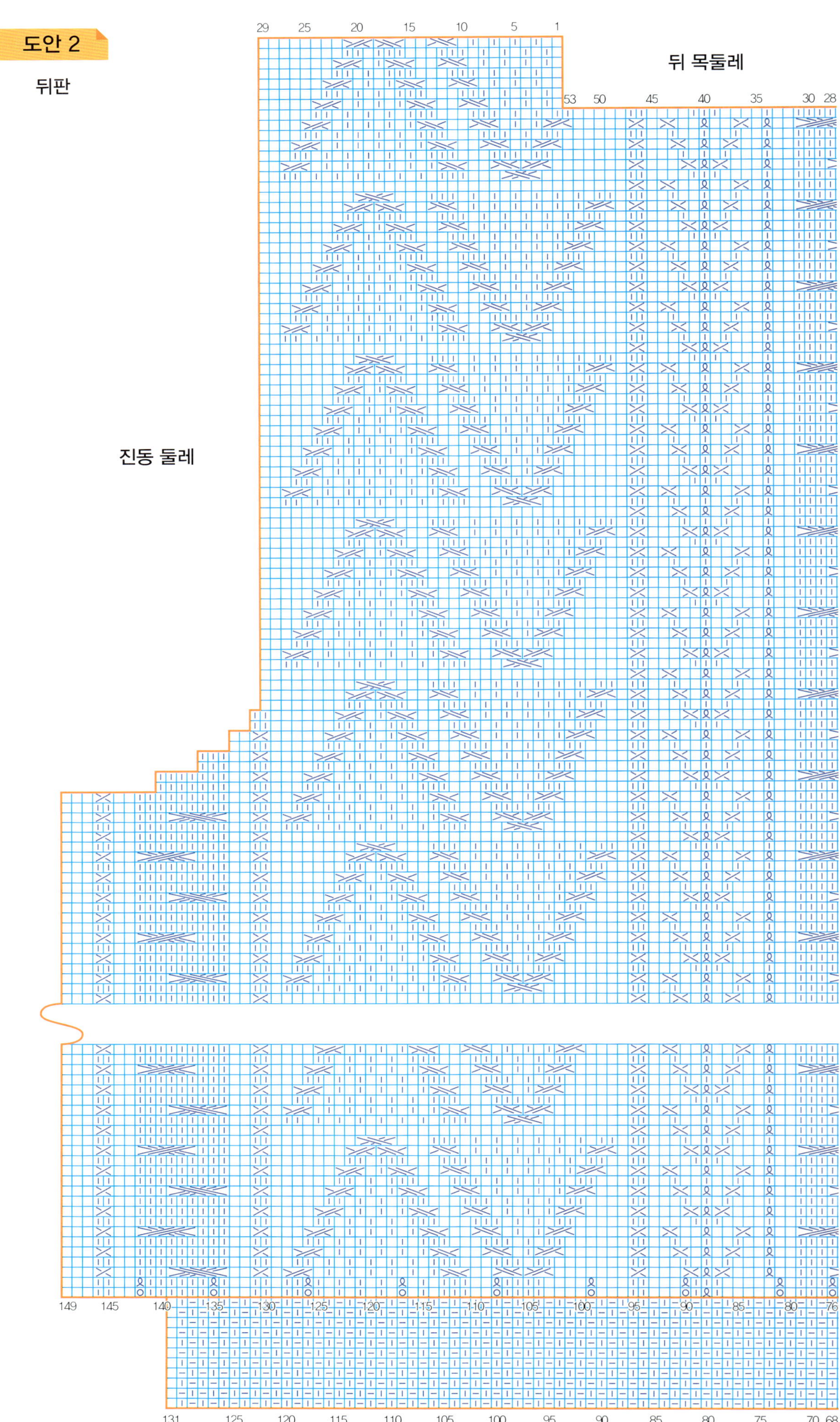

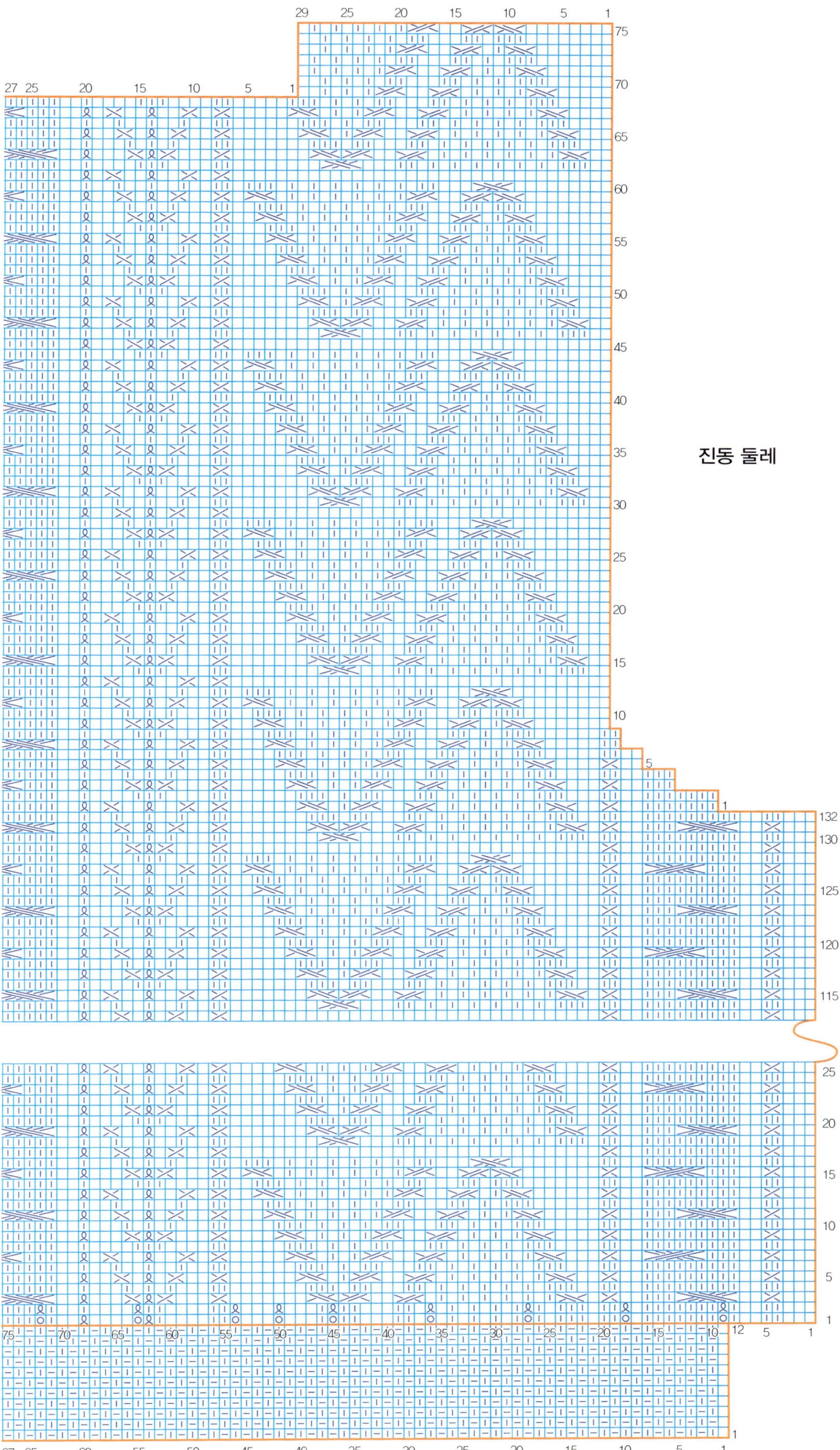

진동 둘레

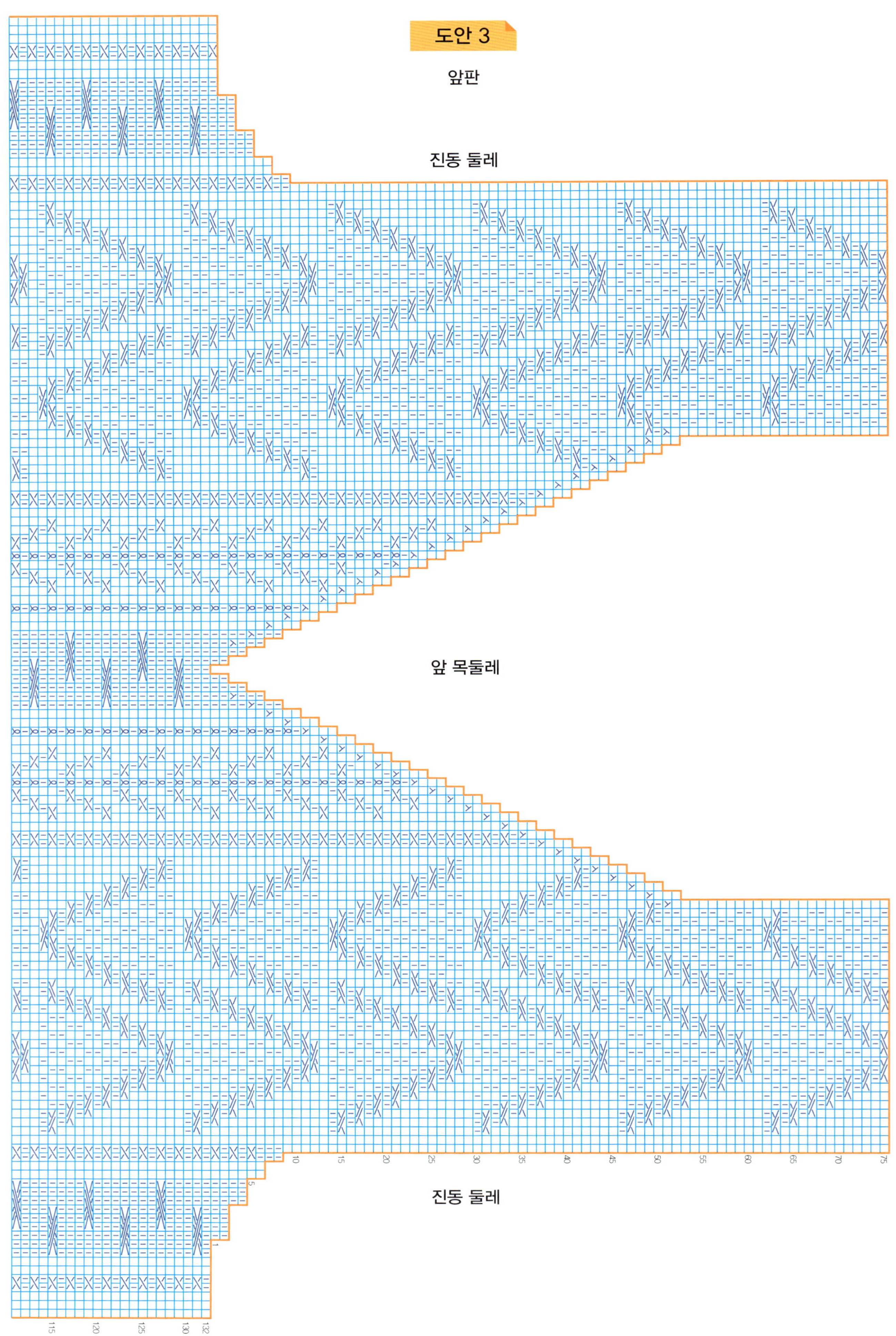
도안 3
앞판
진동 둘레
앞 목둘레
진동 둘레

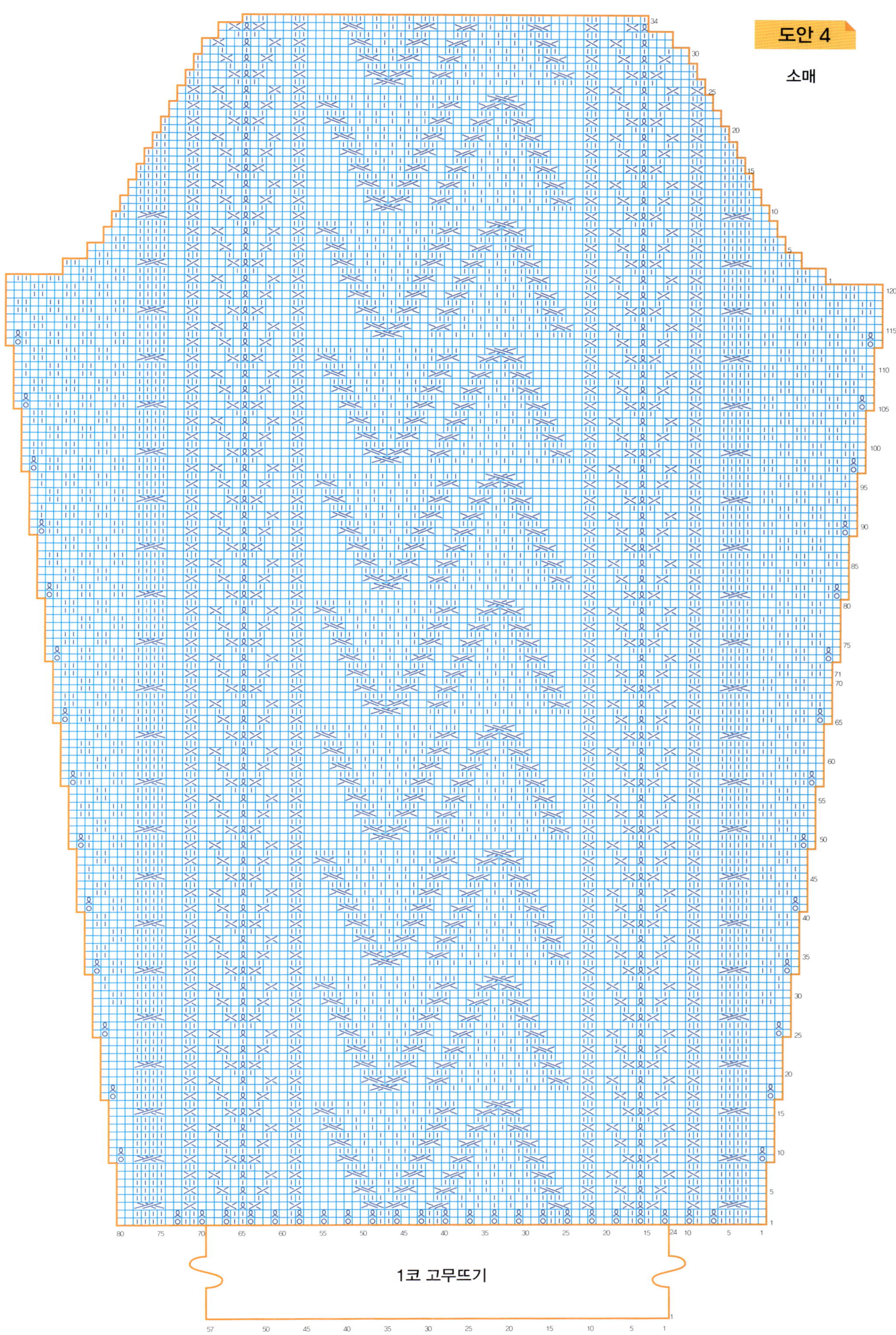

도안 4
소매
1코 고무뜨기

날염 라운드 풀오버

완성 치수: 가슴둘레 119cm, 길이 52cm, 소매길이 48cm
재료 및 도구: 실 – 림보, 검정 금사, 줄바늘 3.5mm / 4.5mm, 돗바늘
게이지(10cm x10cm): 무늬뜨기 A – 33코 26단, 무늬뜨기 B – 20코 38단
작품 사진: 16쪽

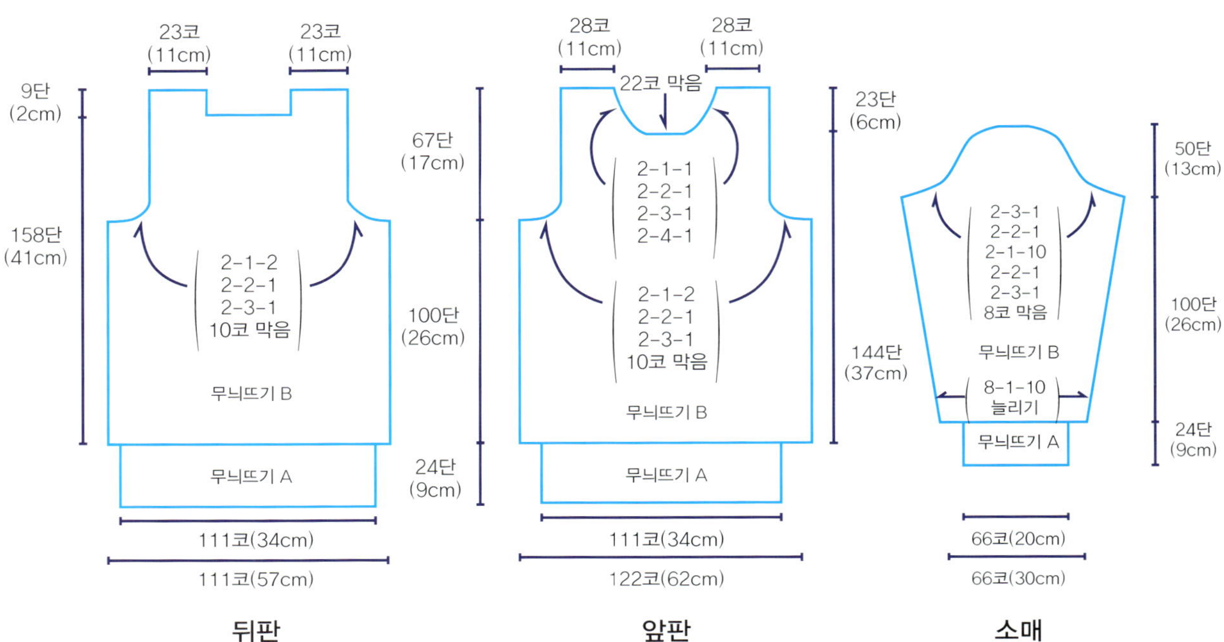

만드는 방법

뒤판

1. 3.5mm 줄바늘과 실(림보 한 올 + 검정 금사 한 올)을 이용해 흔들코 110코를 만들고 무늬뜨기 A 18무늬 + 2코로 시작해 24단 무늬뜨기를 한다.

2. 4.5mm 줄바늘로 바꾸어 무늬뜨기 B를 뜬다.

3. 무늬뜨기 B로 100단을 뜨고 진동 둘레 코줄임을 한다. 코줄임은 도안 1을 참고한다.

4. 무늬뜨기 B로 158단을 뜨고 양어깨코 각 23코를 9단씩 뜨고 마친다.

앞판

1. 3.5mm 줄바늘과 실(림보 한 올 + 검정 금사 한 올)을 이용해 흔들코 110코를 만들고 무늬뜨기 A 18무늬 + 2코로 시작해 24단 무늬뜨기를 한다.

2. 4.5mm 줄바늘로 바꾸어 11코를 늘려 122코로 만들어 무늬뜨기 B를 떠 준다.

3. 무늬뜨기 B를 100단 뜨고 진동 둘레 코줄임을 한다. 도안 1을 참고한다.

4. 앞 목둘레 코줄임도 도안 1을 참고한다.

5. 앞, 뒤판이 완성되면 돗바늘로 옆 솔기와 양어깨를 꿰매어 몸통을 완성한다.

소매

1. 3.5mm 줄바늘과 실(림보 한 올 + 검정 금사 한 올)을 이용해 흔들코 66코를 만들어 무늬뜨기 A 11무늬로 시작해 24단 무늬 뜨기를 한다.

2. 4.5mm 줄바늘로 바꾸어 무늬뜨기 B를 뜨는데 양옆 가장자리에 8단마다 1코씩 늘리기를 10회 해 준다.

3. 소맷단 코줄임은 도안 1을 참고하여 뜬다.

4. 똑같이 한 장을 더 뜨고, 옆 솔기를 돗바늘로 꿰매어 각각 몸판에 달아 준다.

목단

1. 3.5mm 줄바늘과 실(림보 한 올 + 검정 금사 한 올)을 이용해 목둘레에서 120코를 주워 2코 고무뜨기 14단을 뜨고 돗바늘로 꿰매어 완성한다.

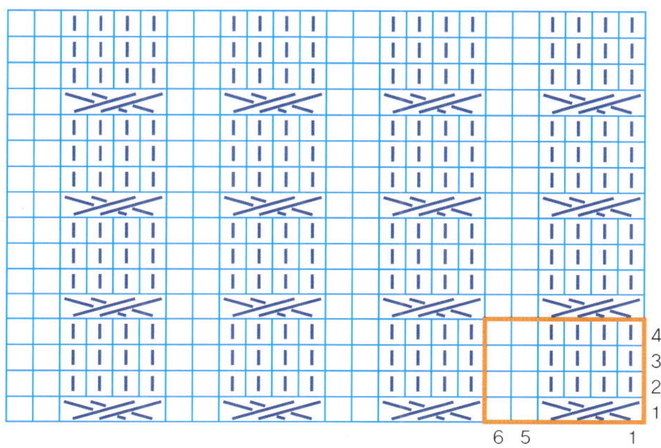

무늬뜨기 A(6코 4단 1무늬)

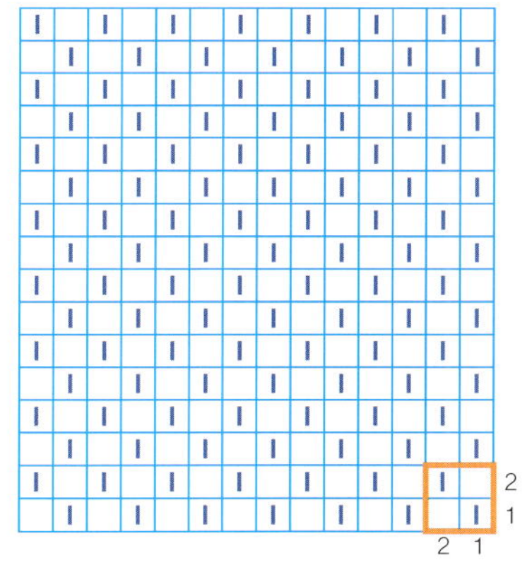

무늬뜨기 B(2코 2단 1무늬)

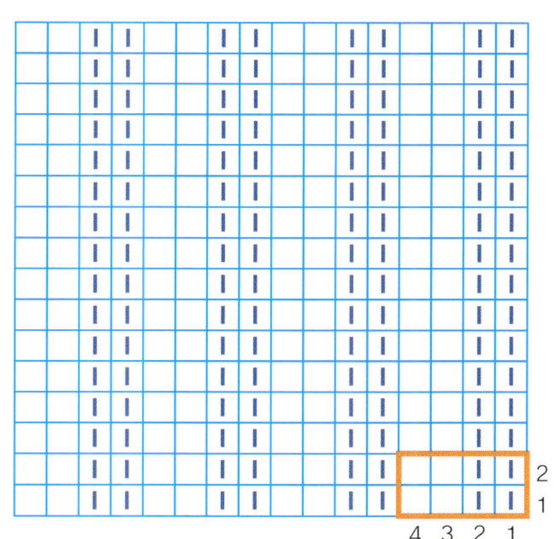

무늬뜨기 C(4코 2단 1무늬)

오렌지색 줄무늬 풀오버

완성 치수: 가슴둘레 103cm, 길이 54cm, 소매길이 53cm
재료 및 도구: 실 – 5P 순모(물색, 오렌지색), 줄바늘 3mm / 4mm, 돗바늘
게이지(10cm x10cm): 30코 34단
작품 사진: 17쪽

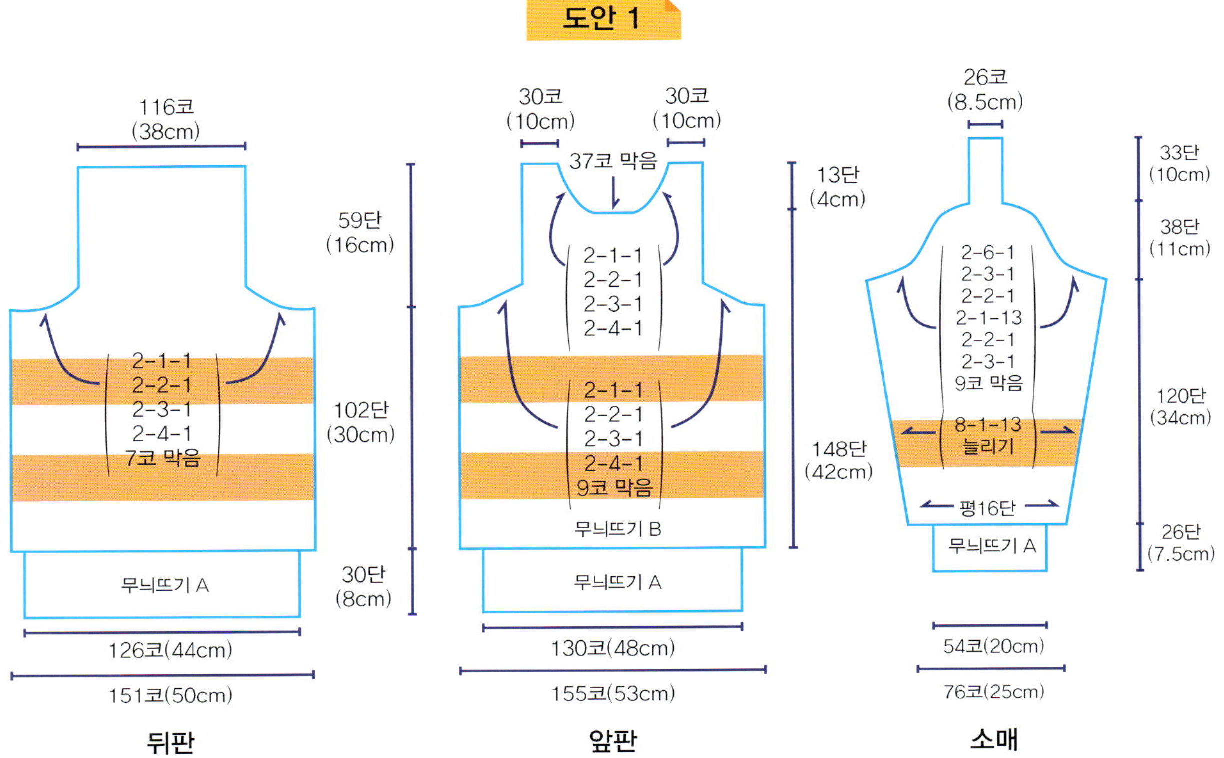

만드는 방법

뒤판

1. 3mm 줄바늘과 물색 실을 이용해 흔들코 126코를 만들고 무늬뜨기 A 31무늬＋2코로 시작해 30단을 뜬다.

2. 4mm 줄바늘로 바꾸어 25코를 늘려 151코가 되게 하고 무늬뜨기를 하는데 도안 2를 참고한다.

3. 몸판 무늬뜨기 20단까지는 물색으로 21~40단은 오렌지색, 41~60단은 물색, 61~80단은 오렌지색, 81단부터는 물색으로 뜬다.

4. 진동 둘레 코줄임은 도안 1, 도안 2를 참고하여 뜬다.

앞판

1. 3mm 줄바늘과 물색 실로 흔들코 130코를 만들고 무늬뜨기 A 32무늬＋2코로 시작해 30단을 뜬다.

2. 4mm 줄바늘로 바꾸어 25코 늘려 155코가 되게 하고 도안 3을 참고하여 무늬뜨기를 떠 준다.

3. 몸판 무늬뜨기를 20단까지는 물색, 21~40단은 오렌지색, 41~60단은 물색, 61~80단은 오렌지색, 81단부터는 물색으로 뜬다.

4. 진동 둘레 코줄임과 앞 목둘레 코줄임은 도안 1과 3을 참고하여 뜬다.

1. 3mm 줄바늘과 물색 실을 이용해 흔들코 54코를 만들고 무늬뜨기 A 13무늬+2코로 시작하여 26단을 뜬다.

2. 4mm 줄바늘로 바꾸어 22코를 늘려 74코가 되게 하고 도안 4를 참고하여 무늬뜨기를 한다.

3. 몸판 무늬뜨기는 22단까지는 물색, 23~42단은 오렌지색, 43단부터는 다시 물색으로 뜬다.

4. 도안 4를 참고하여 똑같이 한 장을 더 뜬다.

목단 및 마무리

1. 앞, 뒤판 옆 솔기를 돗바늘로 꿰매 준다.

2. 각 소매는 옆 솔기를 돗바늘로 꿰매고 견장 부분은 앞, 뒤 어깨 부분에 맞추어 꿰매 준다.

3. 소매산과 몸판의 진동 둘레를 꿰매어 연결한다.

4. 3mm 줄바늘과 물색 실을 이용해 목단에서 140코를 줍고 무늬뜨기 A 35무늬로 14단을 뜨고 돗바늘로 꿰매어 완성한다.

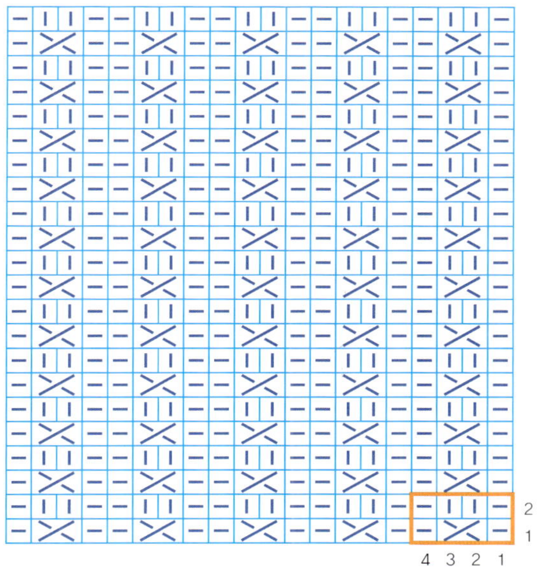

무늬뜨기 A(4코 2단 1무늬)

도안 2
뒤판
진동 둘레
□ = −
117 115 110 105 100 95 90 85 80 75 70 65 59
151 145 140 135 130 125 120 115 110 105 100 95 90 85 80 76
126 120 115 110 105 100 95 90 85 80 75 70 65

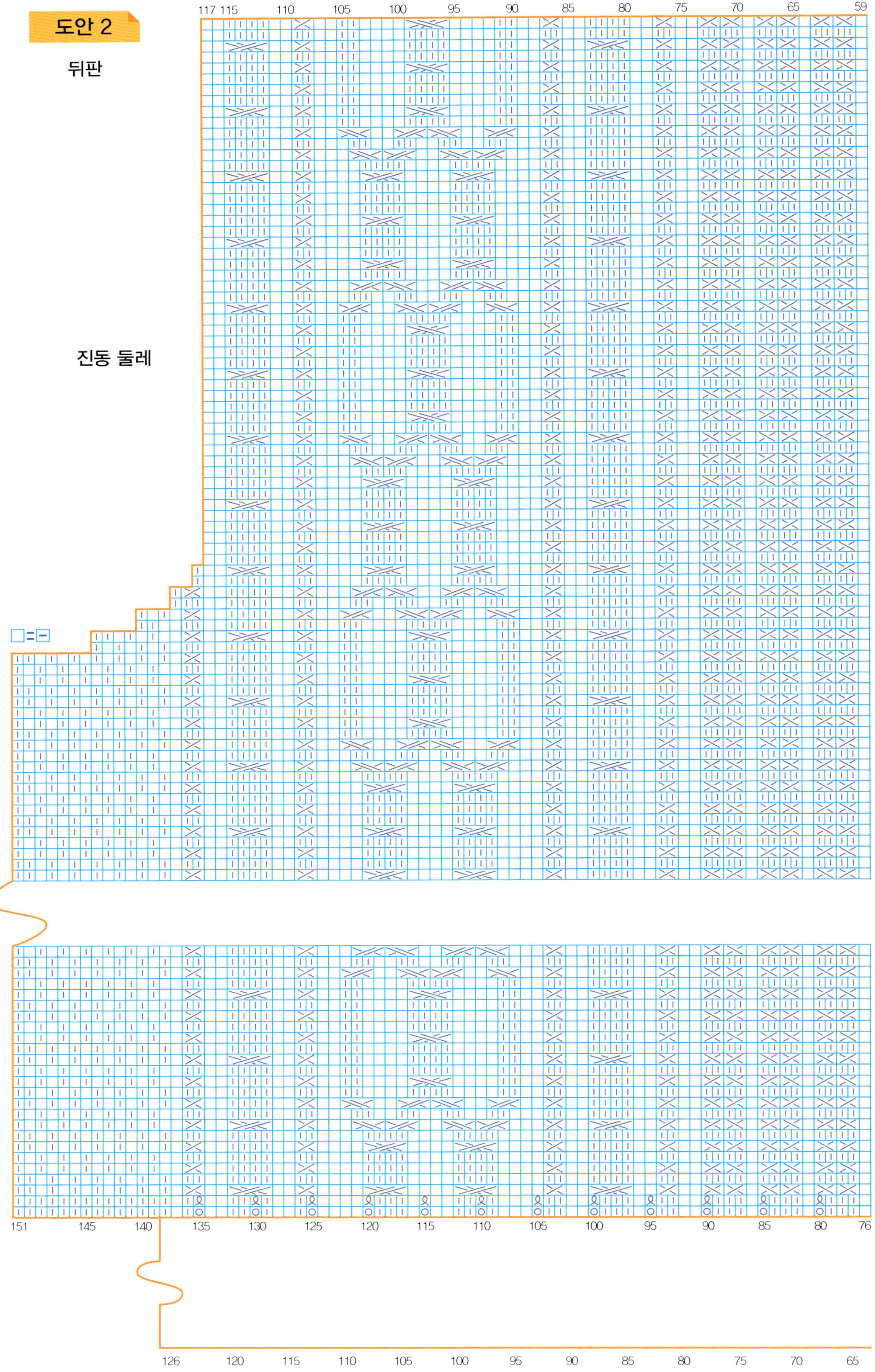

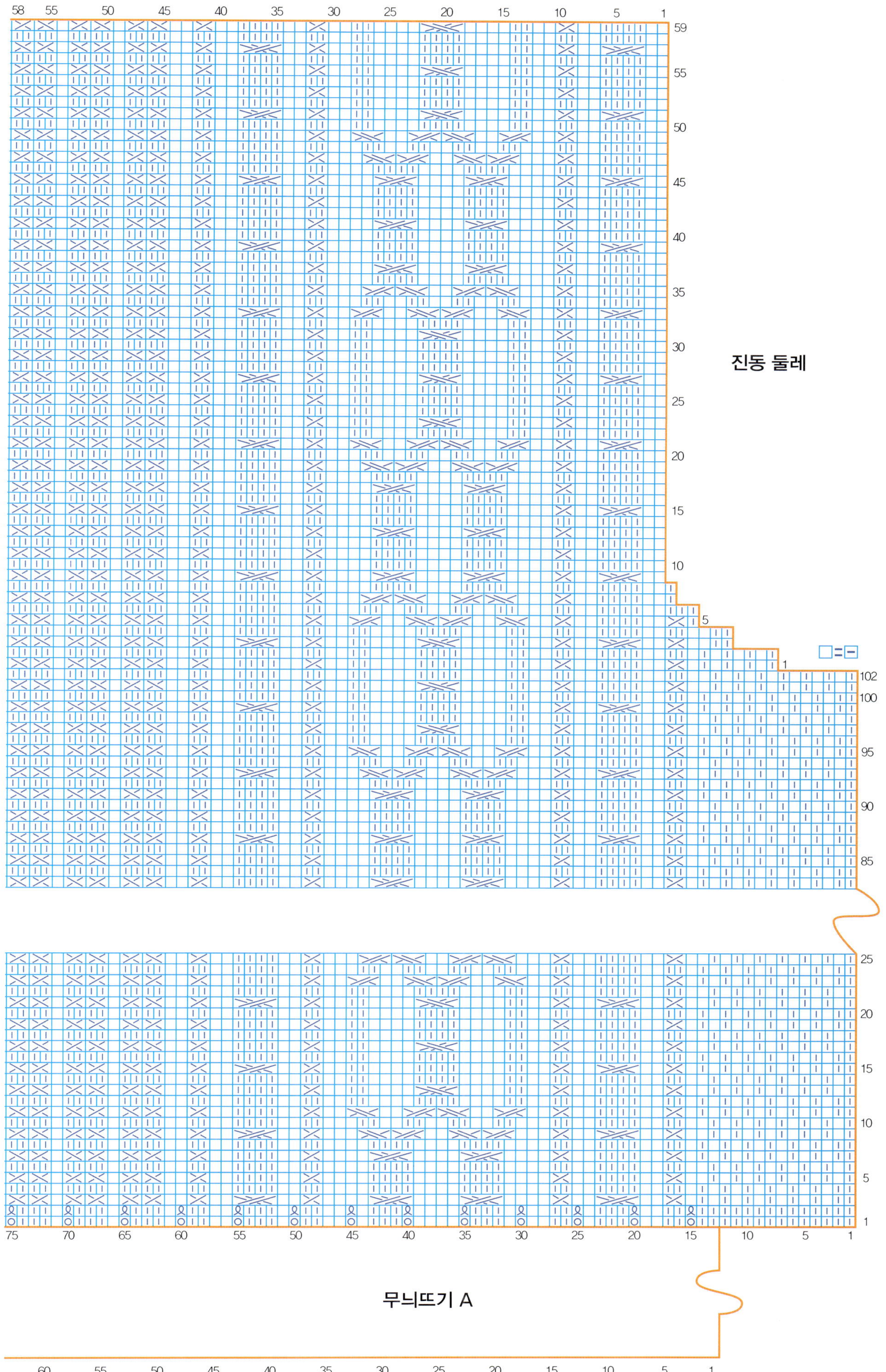
진동 둘레
□=□
무늬뜨기 A

도안 3

앞판

앞 목둘레
진동 둘레
30 25 20 15 10 5 1
151 145 140 135 130 125 120 115 110 105 100 95 90 85 80 76
□ = −

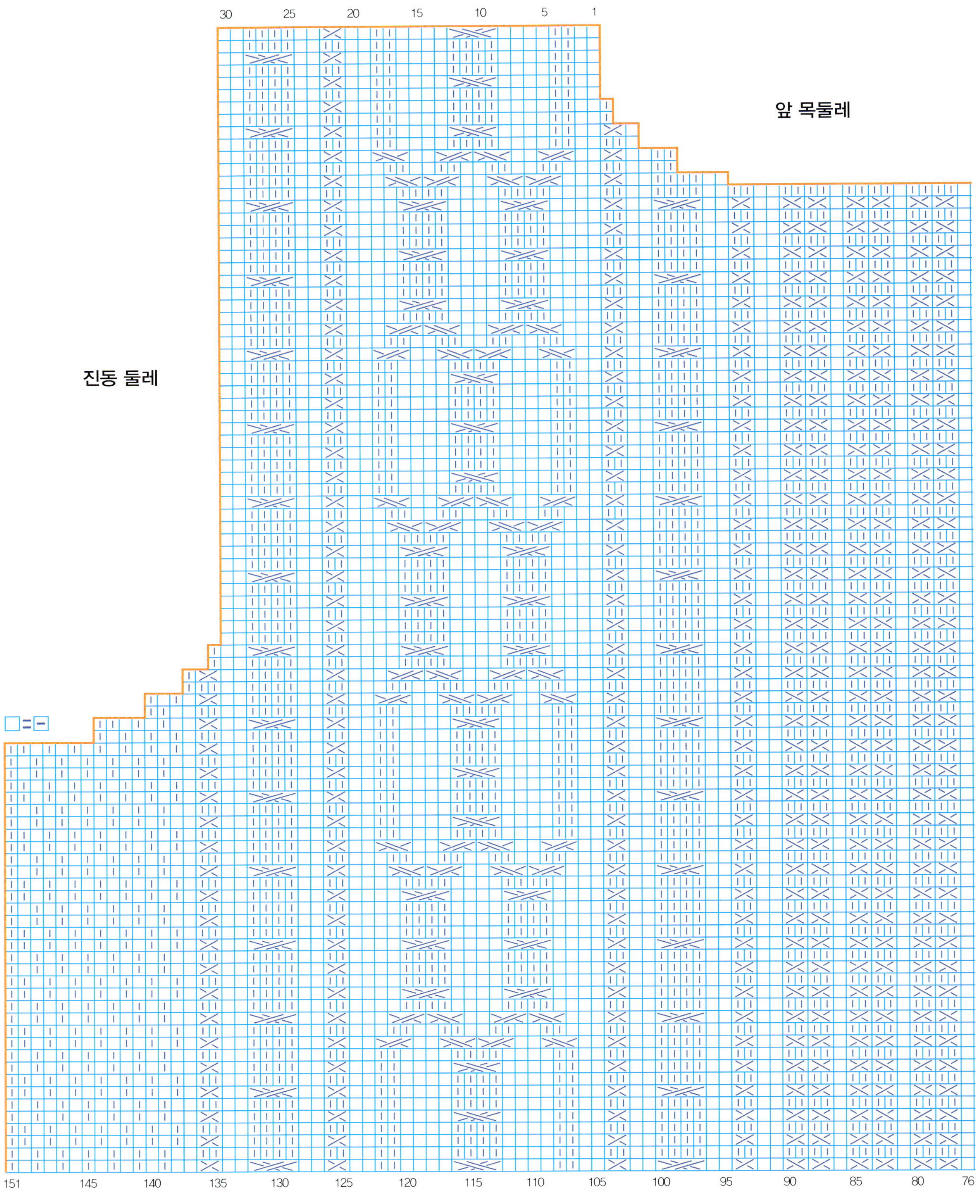

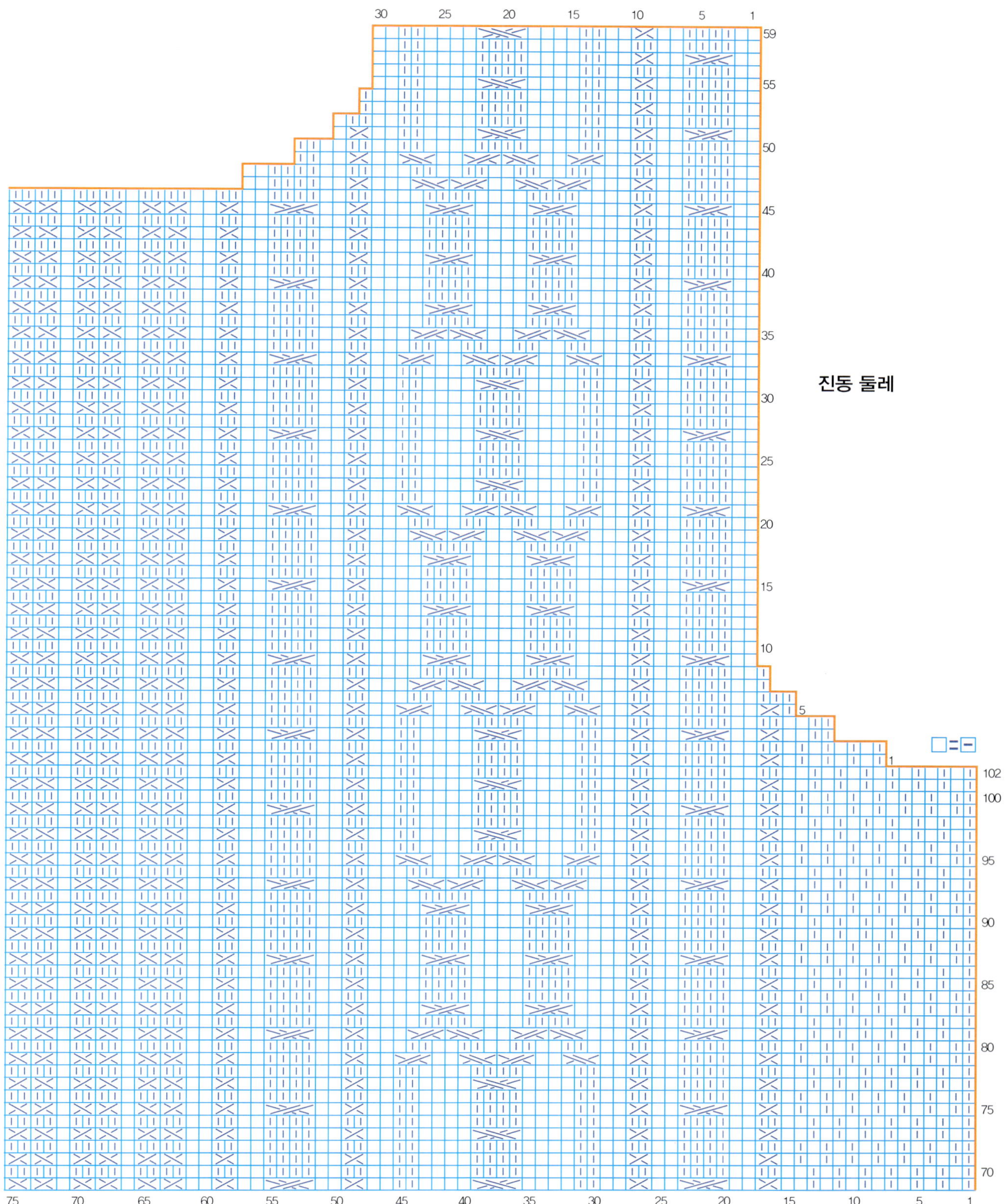

진동 둘레
□ = −

소매

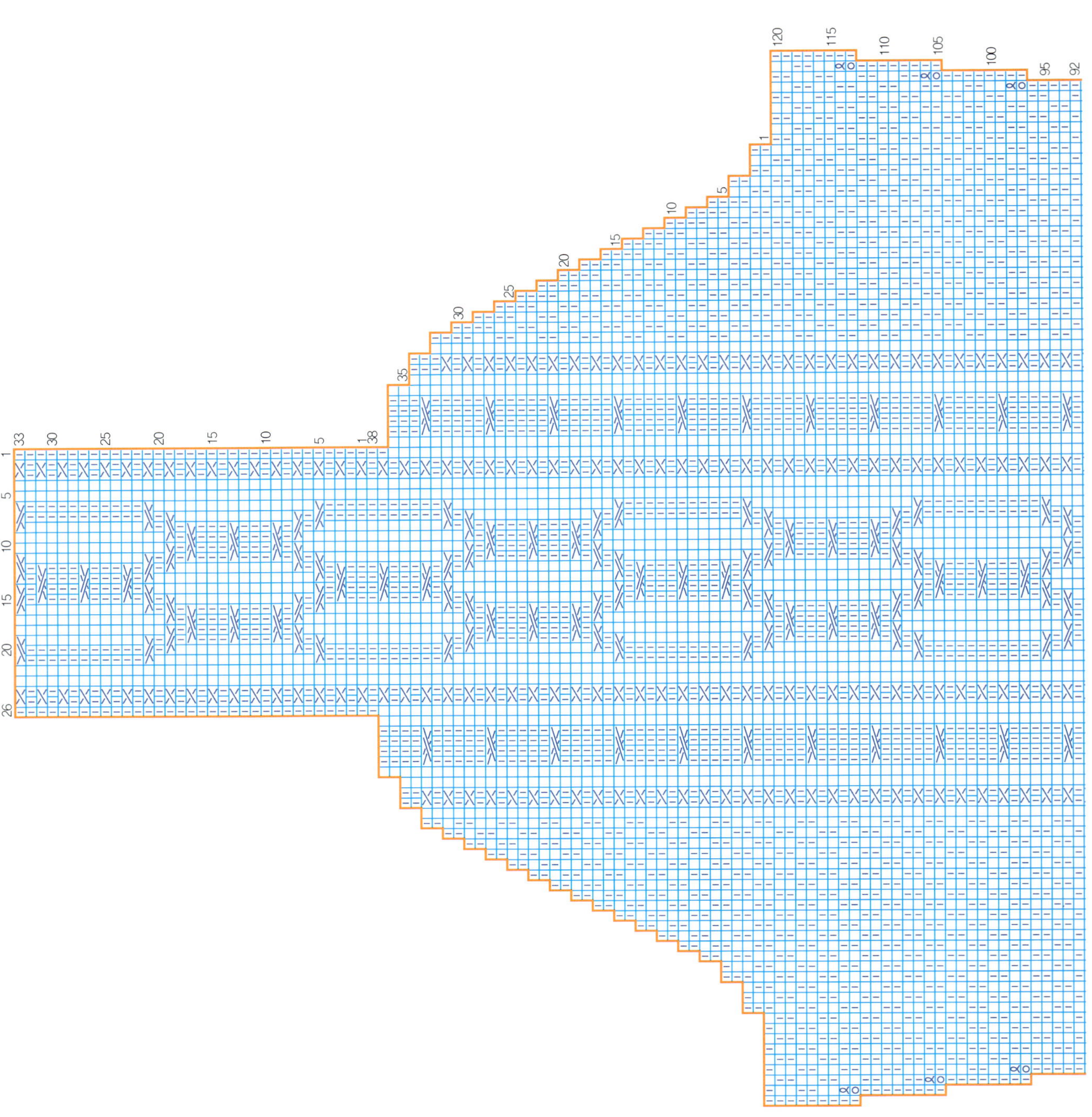

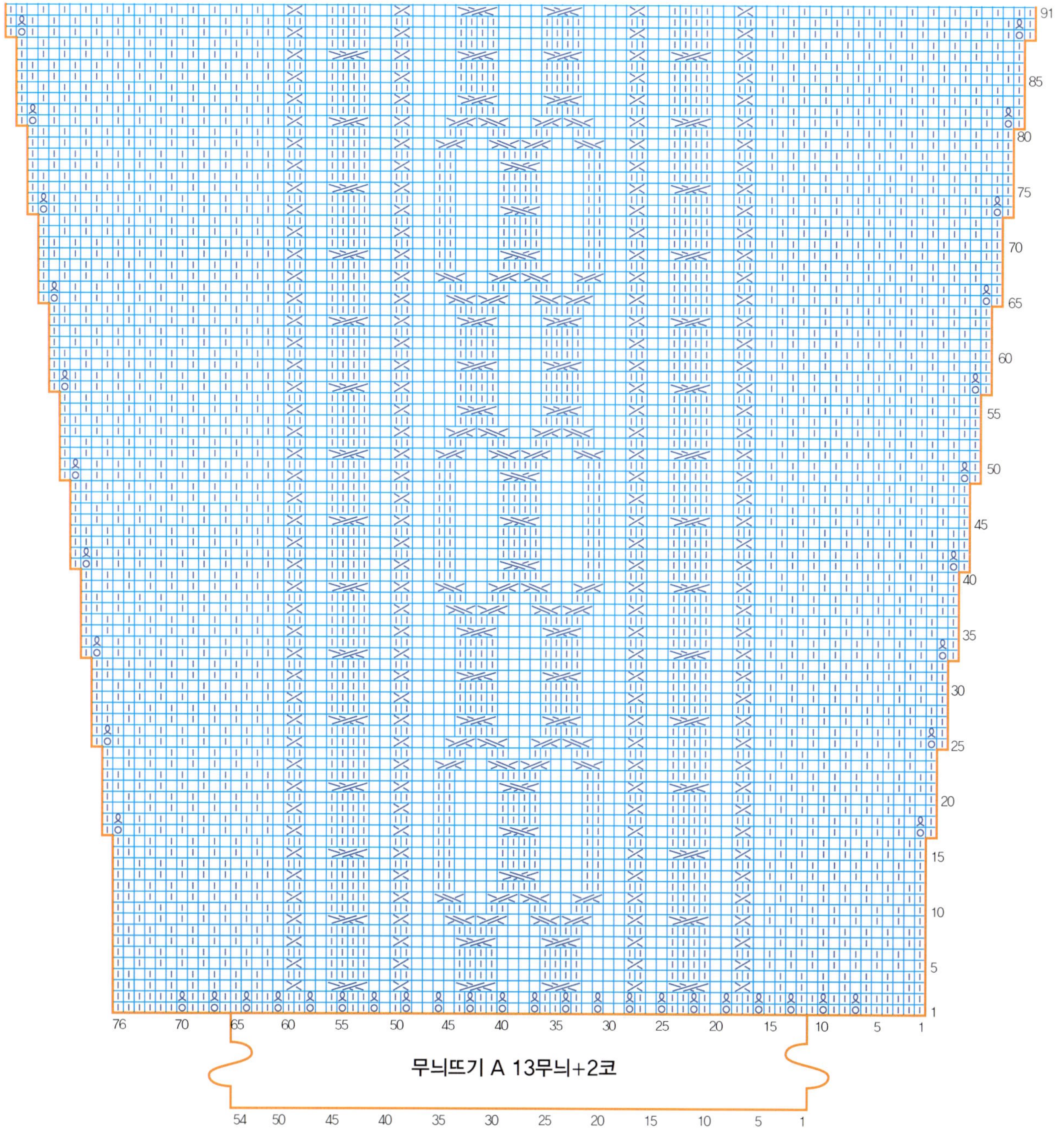

무늬뜨기 A 13무늬+2코

프렌치 슬리브 풀오버

완성 치수: 가슴둘레 97cm, 길이 55cm, 소매길이 50cm
재료 및 도구: 실 – 빈센트 2올(겨자색), 줄바늘 3mm / 4mm, 돗바늘
게이지(10cm x10cm): 30코 29단
작품 사진: 18쪽

도안 1

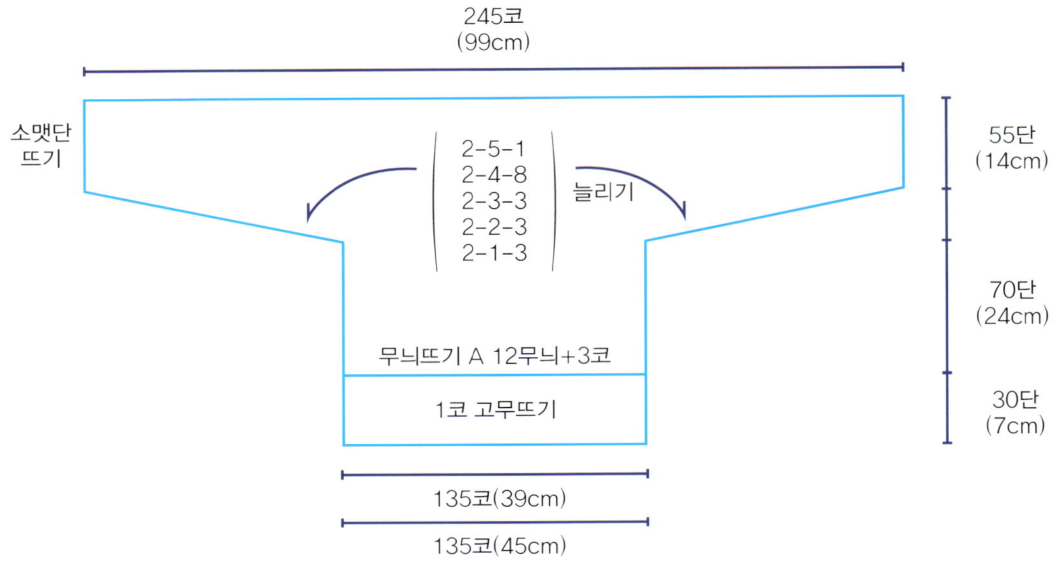

뒤판

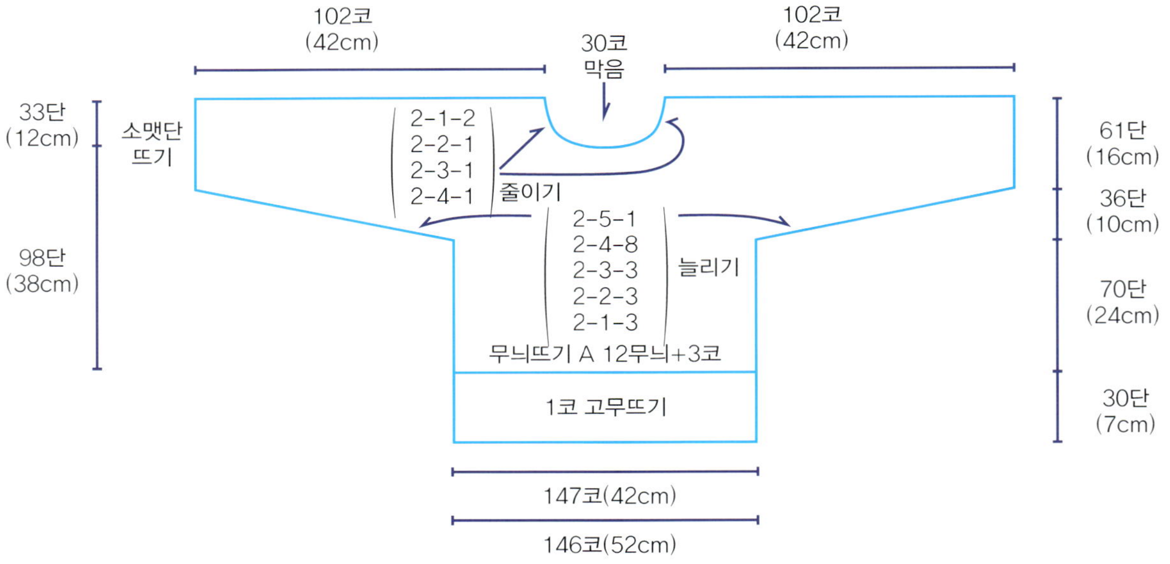

앞판

뒤판

1. 3mm 줄바늘과 빈센트 2올을 이용해 흔들코 135코를 만들어 시작해 1코 고무뜨기로 30단을 뜬다.

2. 4mm 줄바늘로 바꾸어 무늬뜨기 A(12무늬＋3코)를 하는데 도안 2의 앞판을 참고해 코늘림하여 소매 만들기까지 한다.

3. 앞판보다 6단을 적게 뜨고 마친다.

앞판

1. 3mm 줄바늘과 빈센트 2올을 이용해 흔들코 147코를 만들어 시작해 1코 고무뜨기로 30단을 뜬다.

2. 4mm 줄바늘로 바꾸어 1코 줄여 무늬뜨기 A(13무늬＋3코)를 하는데, 도안 2를 참고하여 앞판을 완성한다.

마무리

1. 앞뒤 어깨 부분을 돗바늘로 꿰매 준다.

2. 3mm 줄바늘과 빈센트 2올로 소매 부분에서 65코를 주워 1코 고무뜨기 32단을 뜨고 돗바늘로 마무리한다.

3. 마지막으로 옆 솔기를 돗바늘로 꿰매 준다.

4. 3mm 줄바늘로 목둘레에서 142코를 주워 1코 고무뜨기로 12단을 뜨고 돗바늘로 마무리한다.

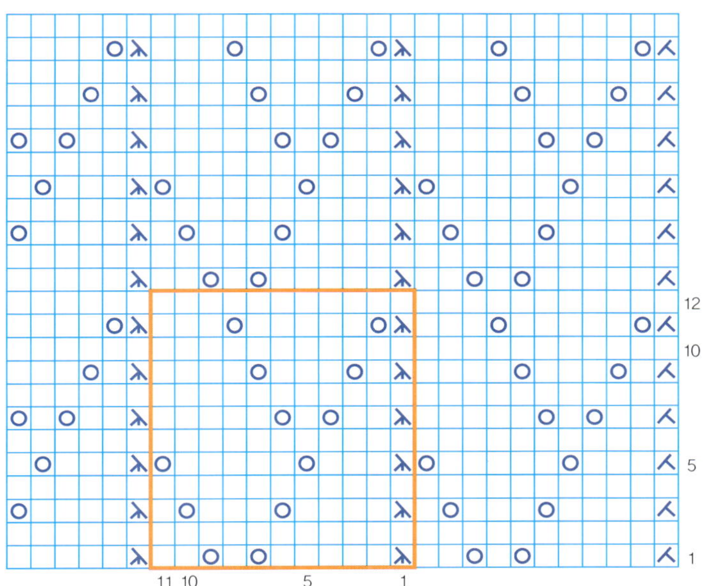

무늬뜨기 A(11코 12단 1무늬)

도안 2
앞판

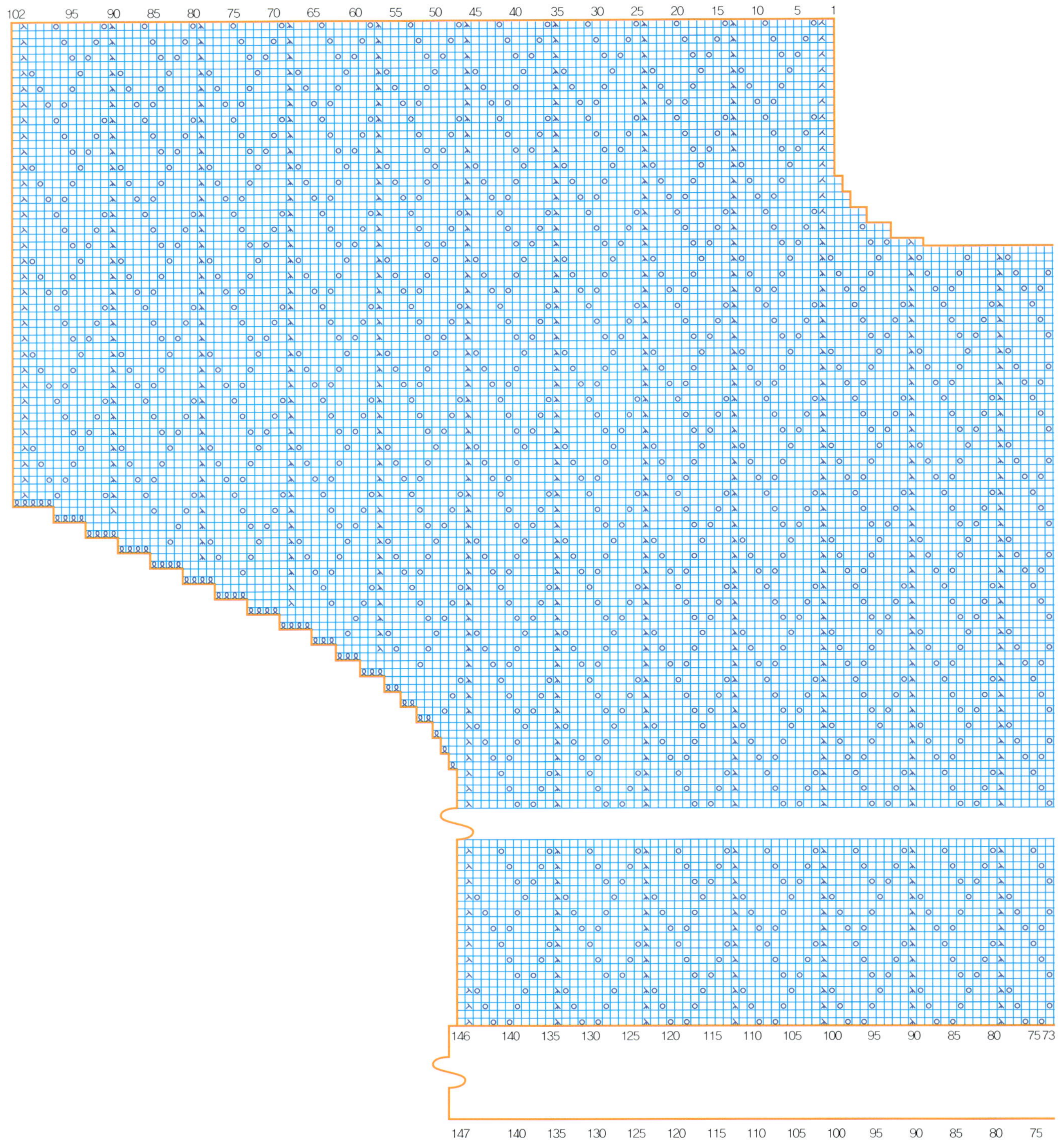

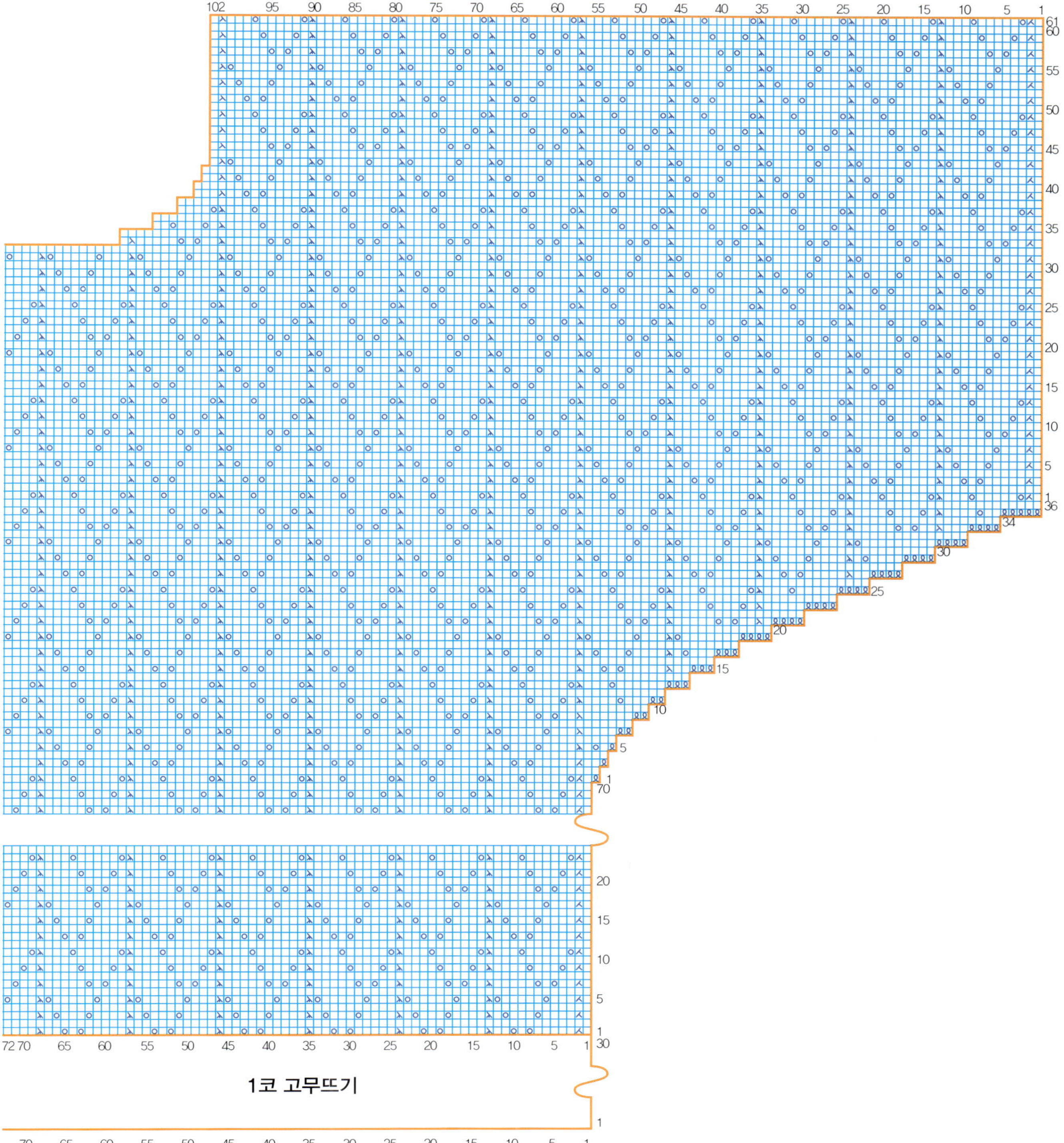

1코 고무뜨기

봄 풀오버

완성 치수: 가슴둘레 98cm, 길이 55.5cm, 소매길이 53.5cm
재료 및 도구: 실 – 5PLY(아이보리), 줄바늘 2.5mm / 4mm, 돗바늘
게이지(10cm x10cm): 32코 36단
작품 사진: 19쪽

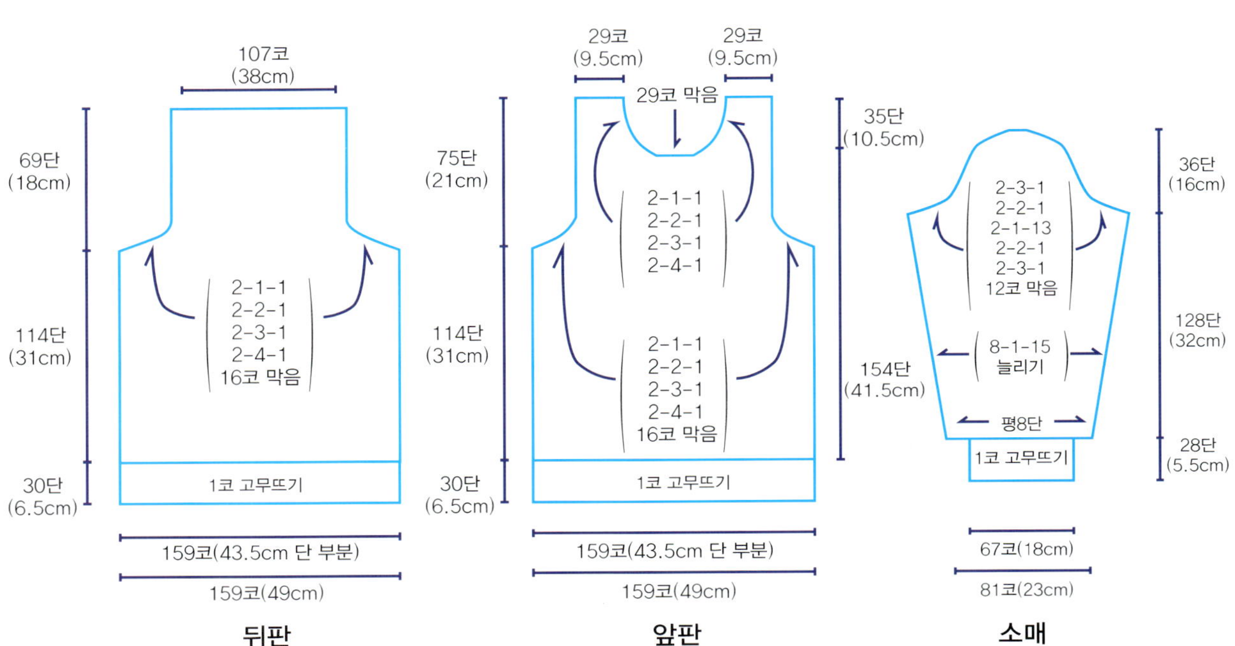

만드는 방법

뒤판

1. 2.5mm 줄바늘과 실을 이용해 흔들코 159코를 만들고 1코 고무뜨기로 30단을 뜬다.
2. 4mm 줄바늘로 무늬뜨기를 하는데 도안 2를 참고해 무늬를 배치하고 진동 둘레 코줄임까지 하여 뒤판을 완성한다.

앞판

1. 2.5mm 줄바늘과 실로 흔들코 159코를 만들고 1코 고무뜨기로 30단을 뜬다.
2. 4mm 줄바늘로 무늬뜨기를 하는데 뒤판 뜨기와 똑같이 뜬다.
3. 도안 3을 참고해 진동 둘레 코줄임과 앞목 코줄임까지 하여 앞판을 완성한다.
4. 앞, 뒤판을 완성하면 돗바늘로 옆 솔기와 양어깨를 꿰매 준다.

1. 2.5mm 줄바늘과 실로 67코를 만들어 1코 고무뜨기 28단을 뜬다.

2. 4mm 줄바늘로 바꾸어 14코를 늘려 81코가 되게 하고 무늬뜨기를 한다.

3. 도안 4를 참고하여 2장을 뜬다.

4. 옆 솔기를 꿰매어 몸판에 각각 달아 준다.

1. 2.5mm 줄바늘과 실을 이용해 목둘레에서 152코를 주워 1코 고무뜨기로 12단을 뜨고 돗바늘로 꿰매어 완성한다.

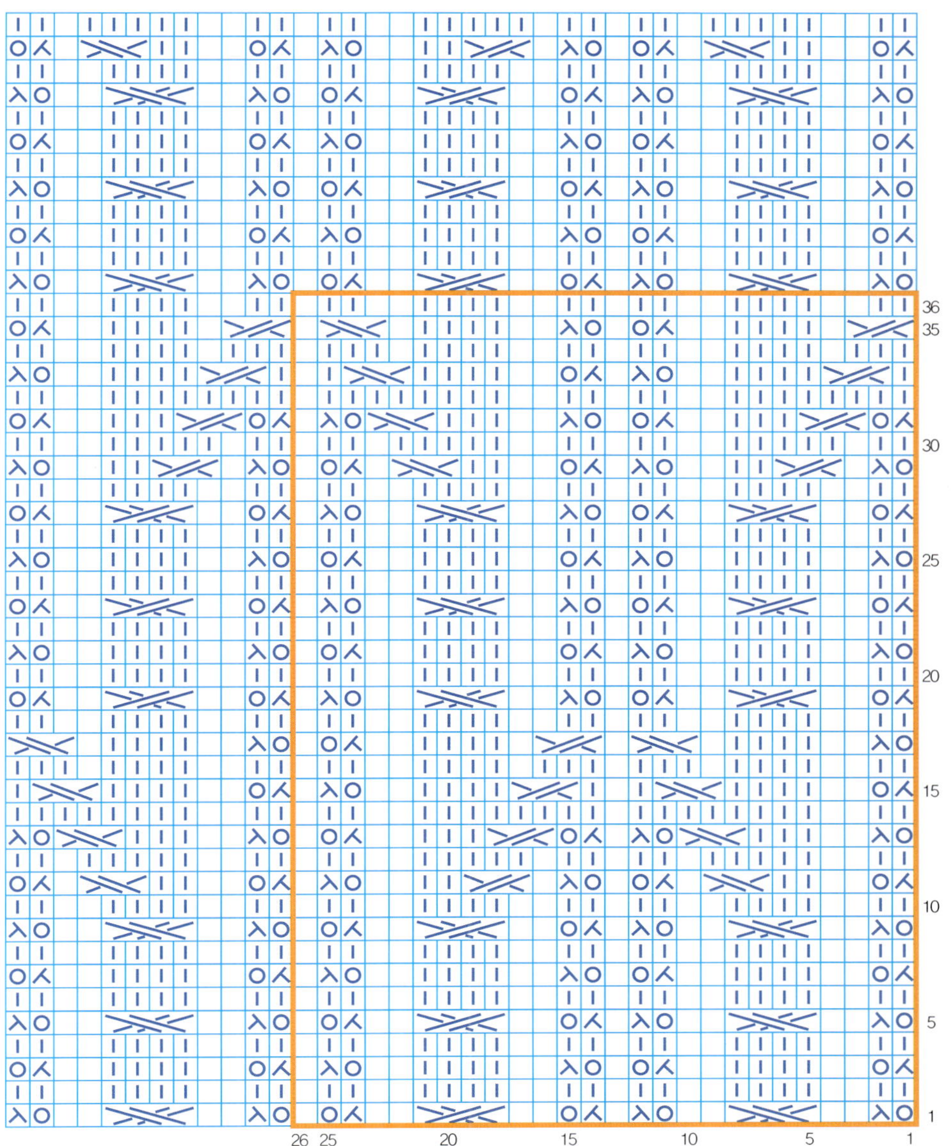

무늬뜨기 A(26코 36단 1무늬 □ = -)

뒤판

진동 둘레

□ = −

107 105 100 95 90 85 80 75 70 65 60 54
159 155 150 145 140 135 130 125 120 115 110 105 100 95 90 85 80

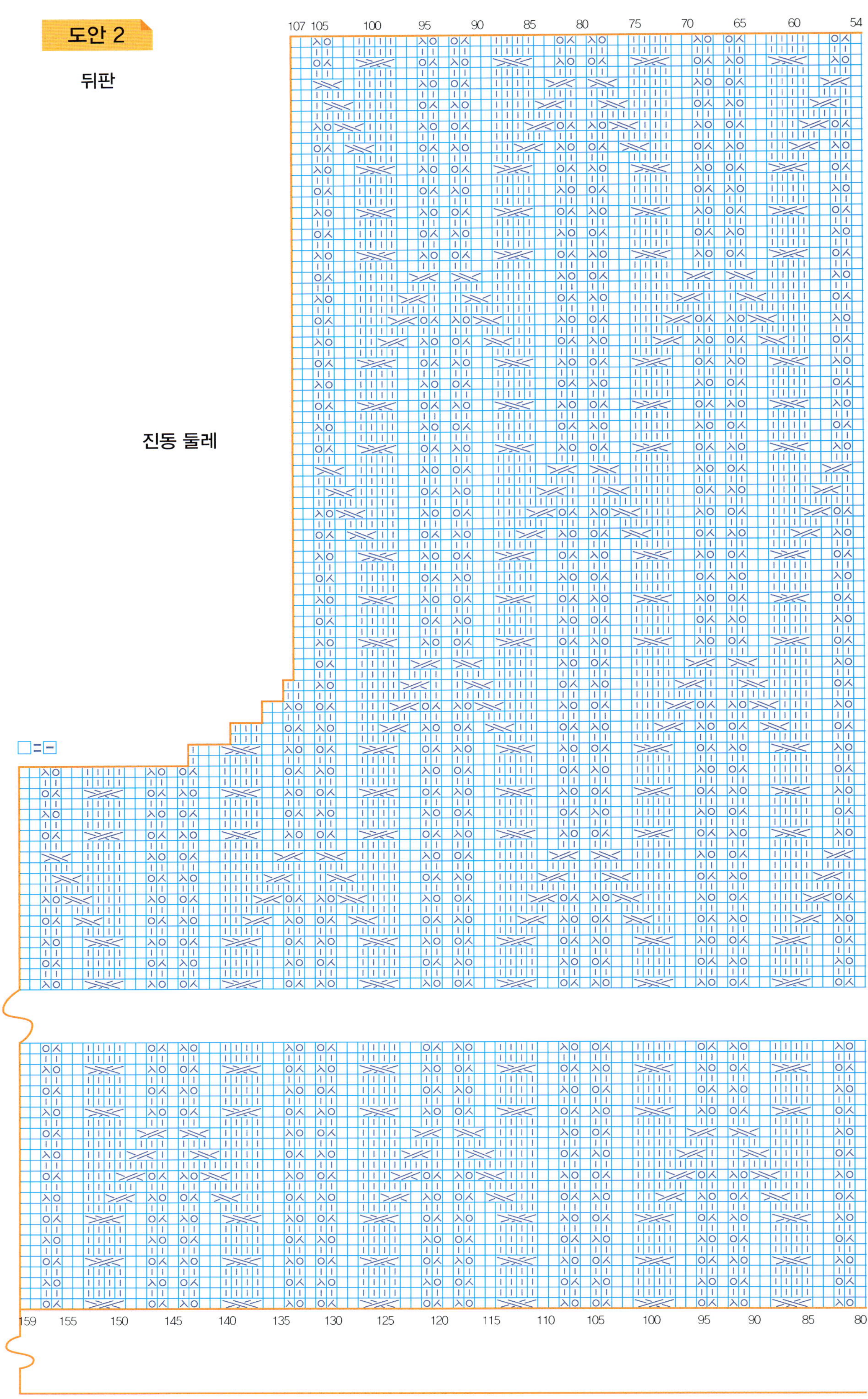

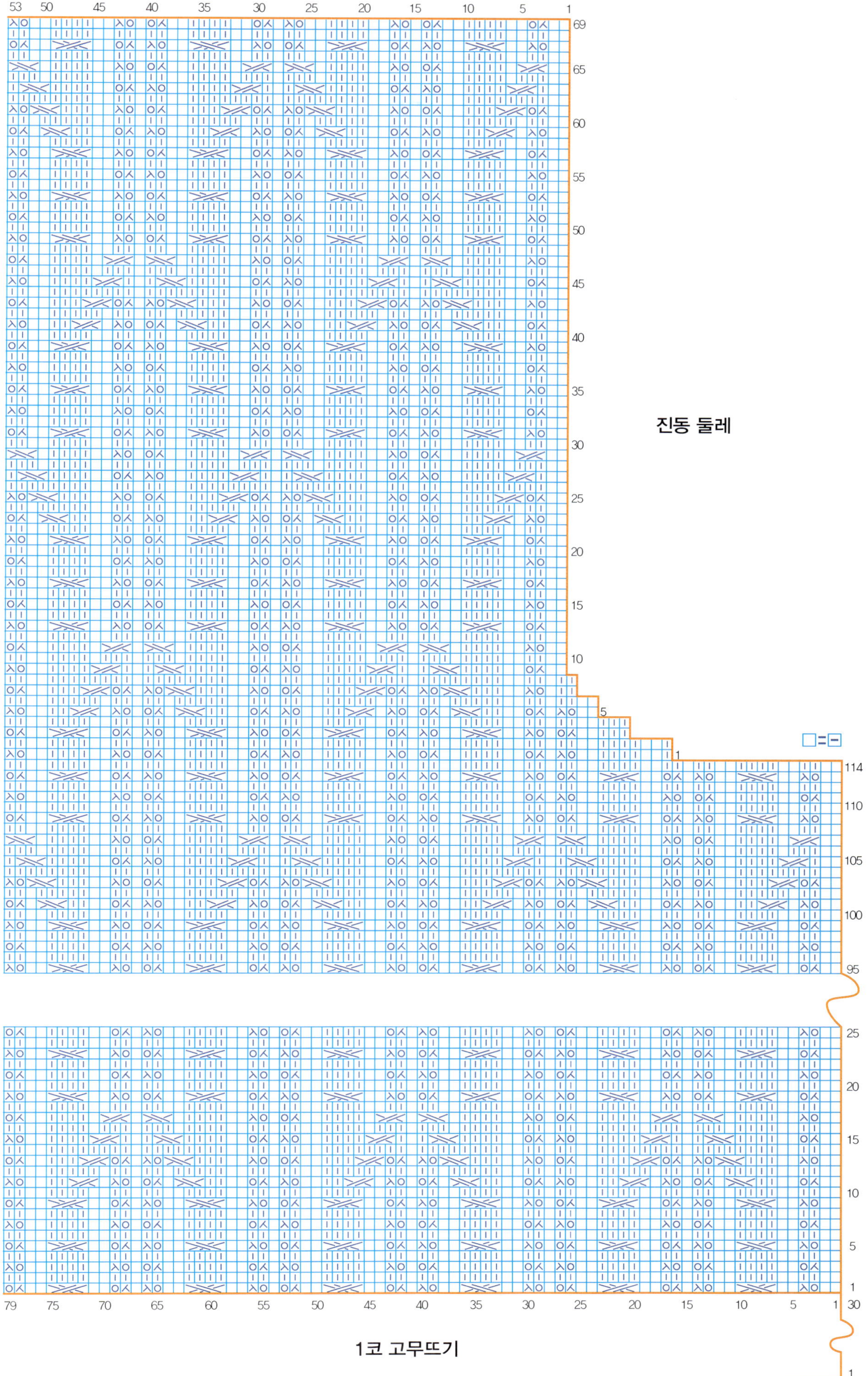
진동 둘레
□=□
1코 고무뜨기

도안 3

앞판

앞 목둘레
진동 둘레
□=─
29 25 20 15 10 5 1
159 155 150 145 140 135 130 125 120 115 110 105 100 95 90 85 80

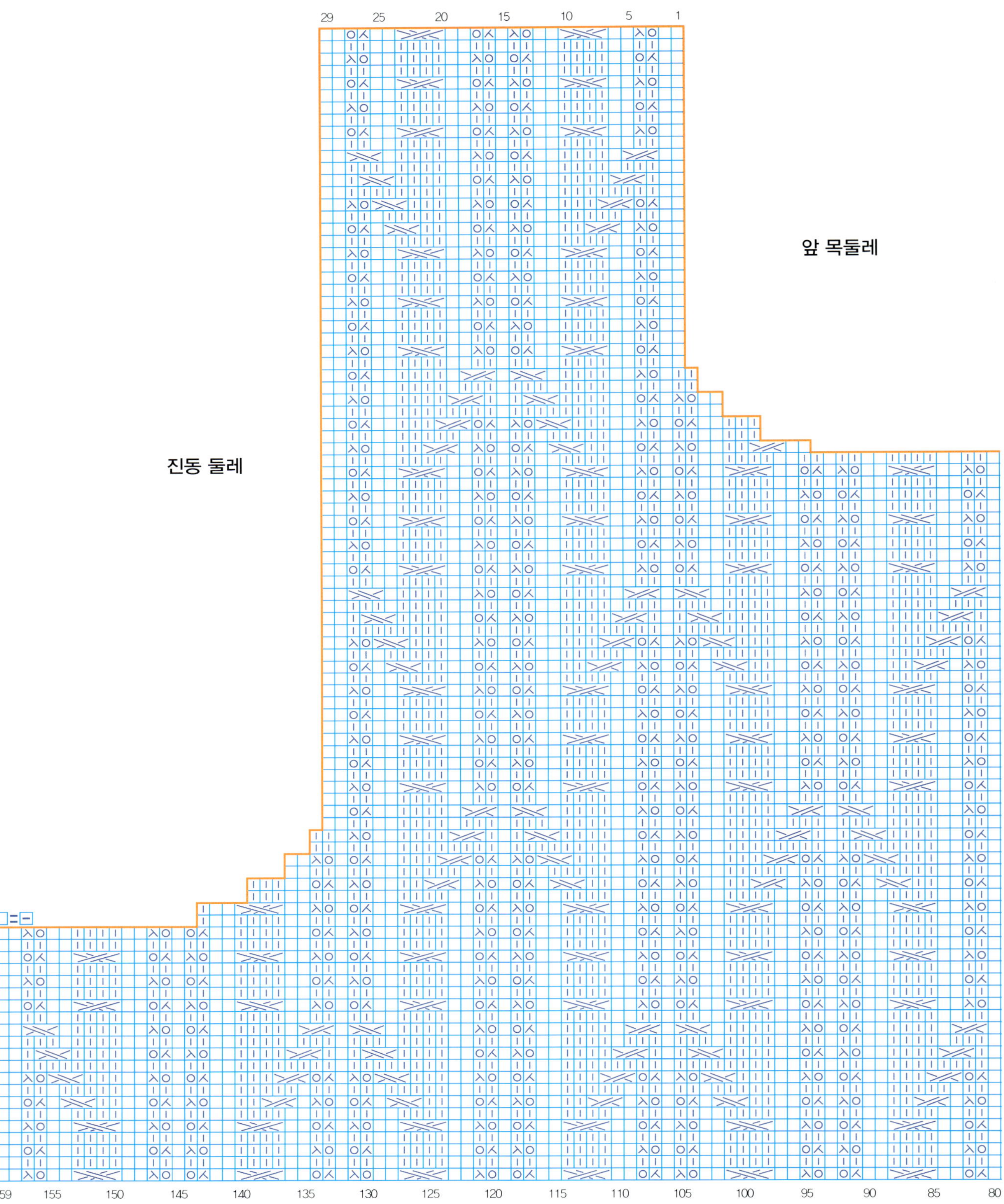

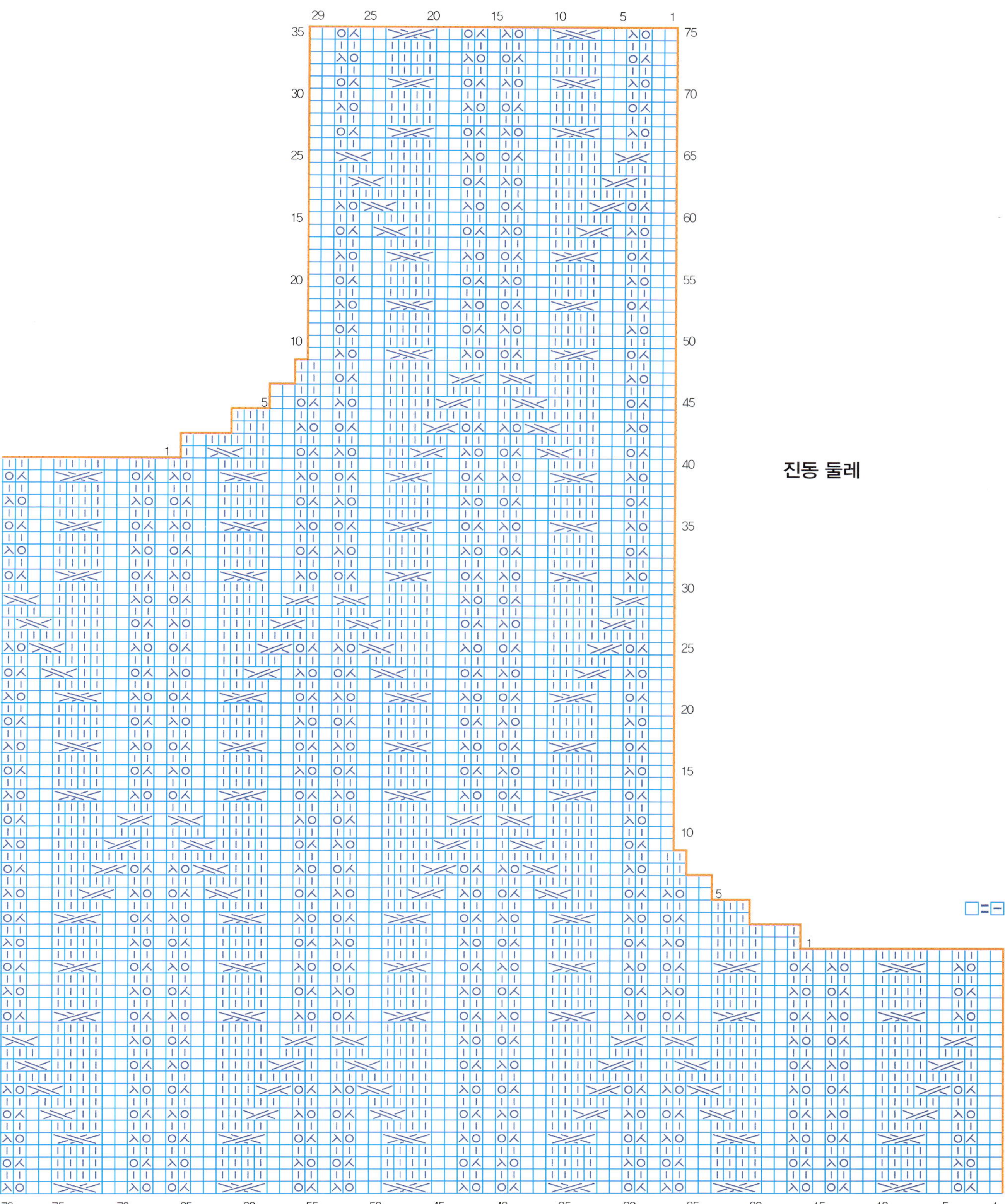

진동 둘레
□=−

도안 4

소매

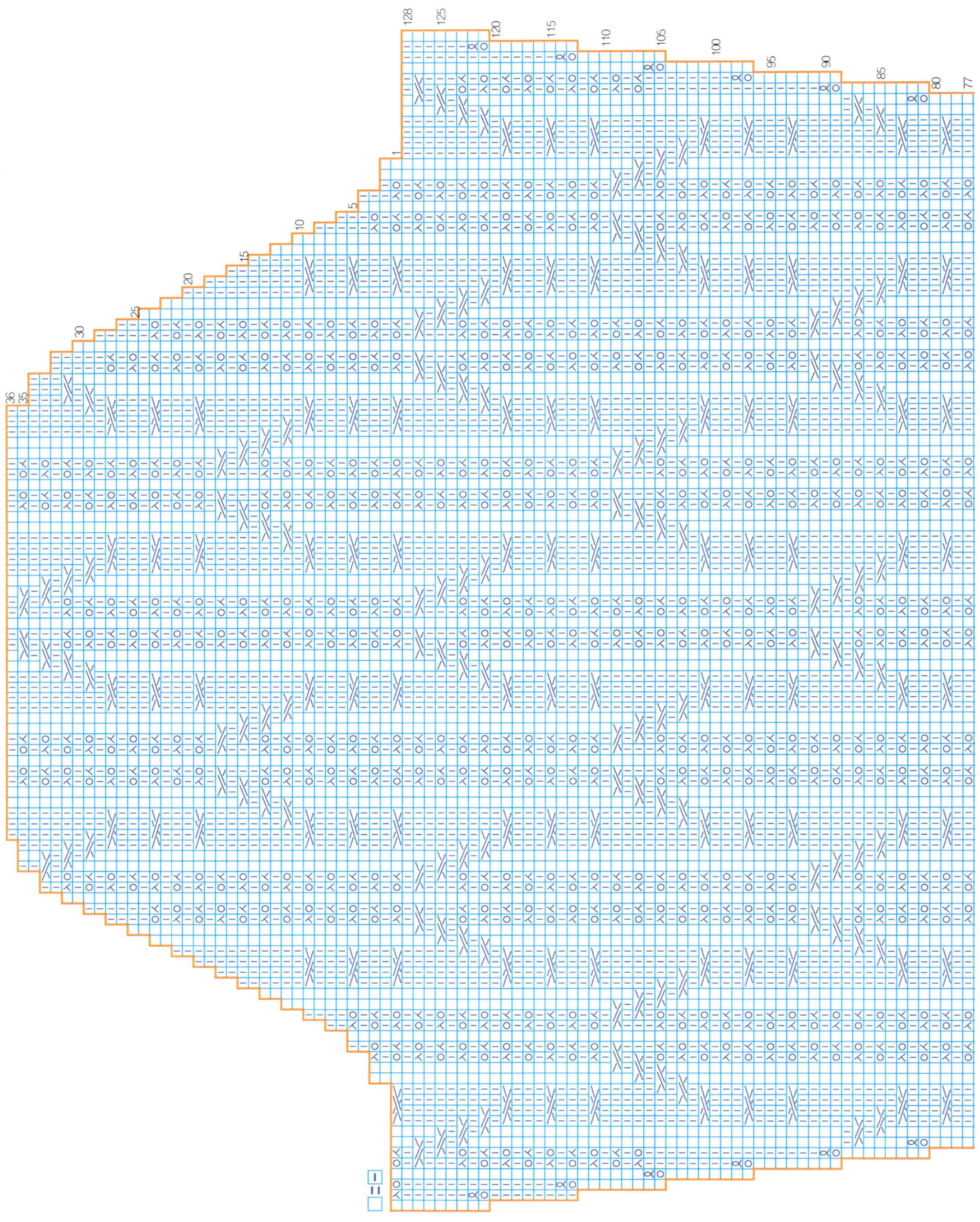

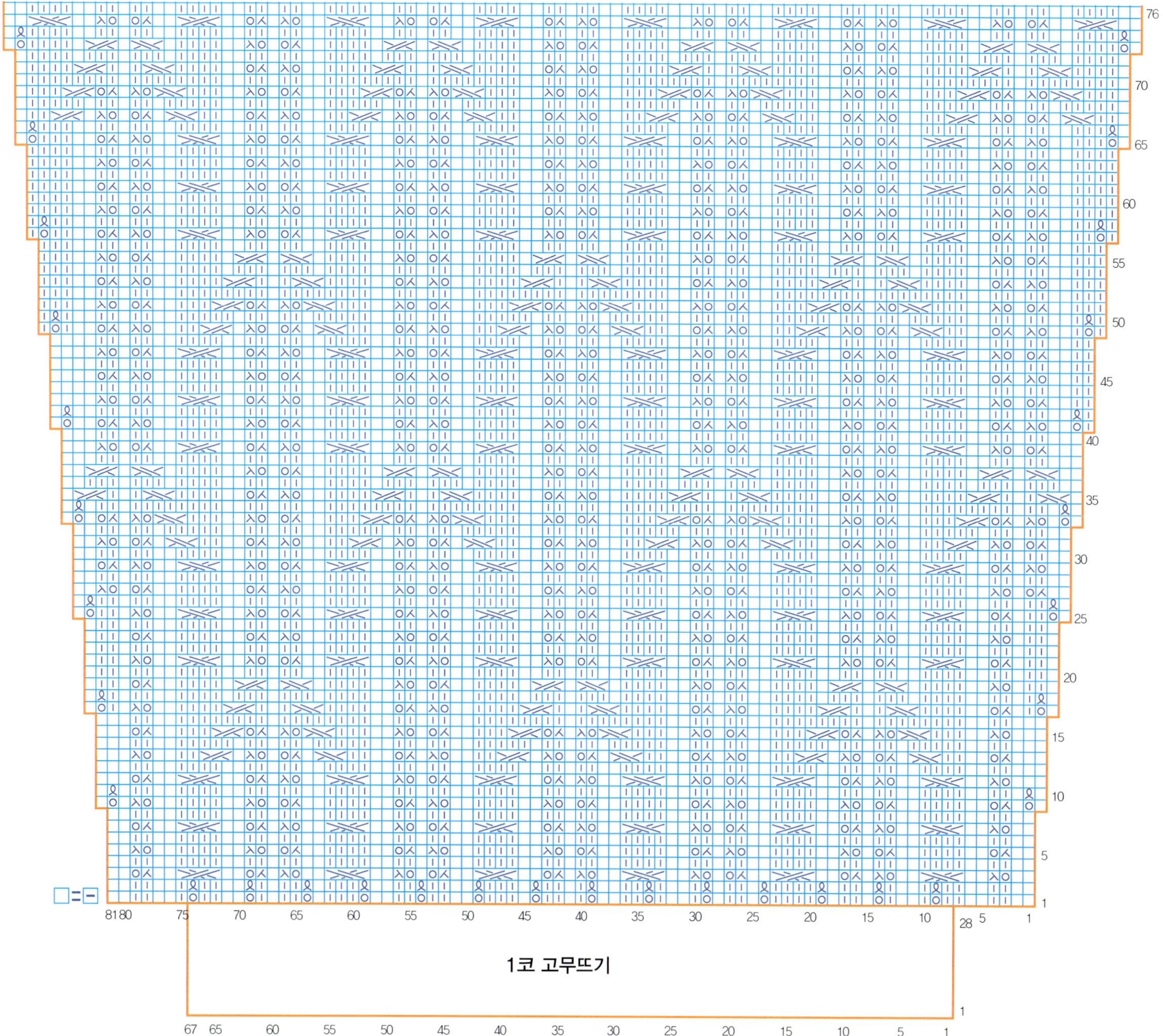

1코 고무뜨기

남녀공용 칼라 풀오버

완성 치수: 가슴둘레 106cm, 길이 60cm, 소매길이 55cm
재료 및 도구: 실 – 인견마(카키색), 줄바늘 3mm / 4.5mm, 돗바늘, 단추 4개
게이지(10cm x10cm): 23코 28단
작품 사진: 20쪽

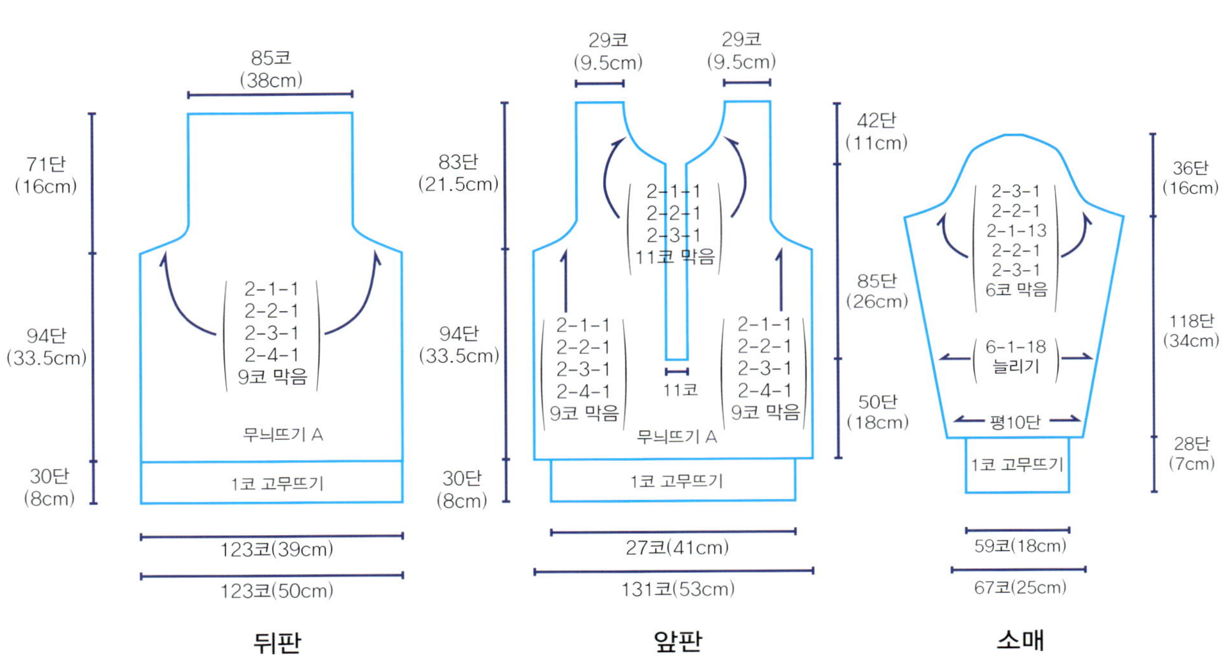

도안 1

만드는 방법

뒤판

1. 3mm 줄바늘과 실을 이용해 흔들코 123코를 만들어 1코 고무뜨기로 30단을 뜬다.
2. 4.5mm 줄바늘로 바꾸어 무늬뜨기 A 15무늬＋3코로 시작해 94단을 뜨고, 진동 코줄임을 하는데 도안 1과 도안 2(앞판)를 참고하여 뜬다.
3. 뒤판은 진동 둘레 코줄임부터 71단을 뜨고 마친다.

앞판

1. 3mm 줄바늘과 실을 이용해 흔들코 127코를 만들어 1코 고무뜨기로 30단을 뜬다.
2. 4.5mm 줄바늘로 바꾸어 4코를 늘려 131코가 되게 하고, 무늬뜨기 A 16무늬＋3코로 시작해 뜬다.
3. 앞판은 도안 2를 참고해 앞 목둘레 코줄임과 진동 둘레 코줄임까지 하여 완성한다.
4. 앞, 뒤판이 완성되면 돗바늘로 옆 솔기와 어깨 부분을 꿰매어 몸판을 완성한다.

앞 중심단 및 칼라

1. 앞 중심단은 3mm 줄바늘과 실을 이용해 오른쪽, 왼쪽에서 각각 93코를
   주워 1코 고무뜨기를 하는데 20코 간격마다 단춧구멍을 만들면서(4개)
   12단을 뜬다.
2. 단춧구멍은 여자는 오른쪽, 남자는 왼쪽에 내 주고, 앞 중심단을 다 뜨면
   돗바늘로 마무리 짓는다.
3. 칼라는 3mm 줄바늘과 실을 이용해 목둘레에서 133코를 주워 1코
   고무뜨기를 하는데 도안 4를 참고하고, 완성되면 돗바늘로 마무리한다.

소매

1. 3mm 줄바늘과 실을 이용해 흔들코 59코를 만들어 1코 고무뜨기로
   28단을 뜬다.
2. 4.5mm 줄바늘로 바꾸어 8코를 늘려 67코로 만들고
   무늬뜨기 A 8무늬+3코로 시작해 평 10단을 뜬 뒤, 6단마다
   1코씩 늘리기를 18회 한다.
3. 소매는 도안 3을 참고해 뜨는데 두 장을 뜬다.
4. 각 소매는 옆 솔기를 돗바늘로 꿰맨 뒤 몸판에 달아 완성한다.

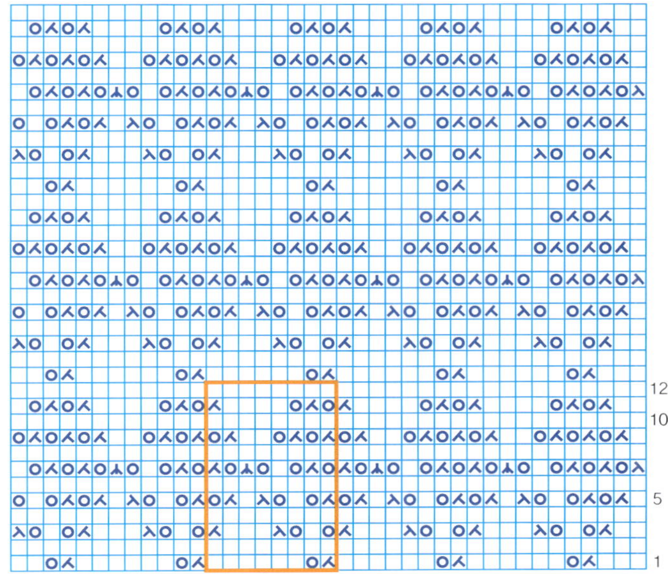

무늬뜨기 A(8코 12단 1무늬 ☐ =Ⅰ)

도안 4　칼라

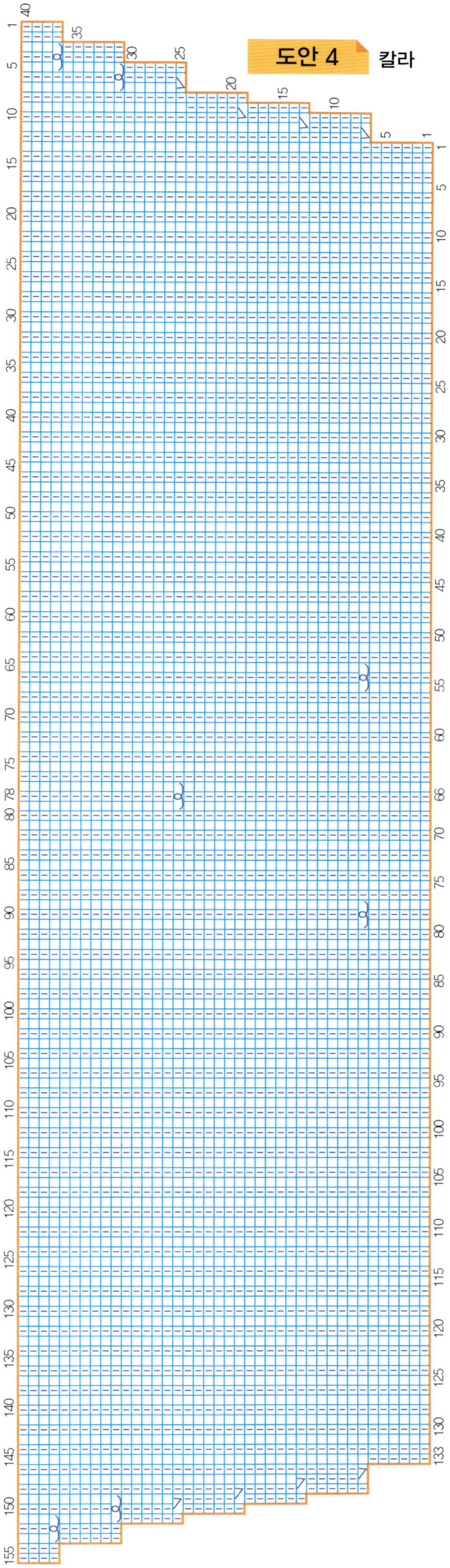

도안 2

앞판

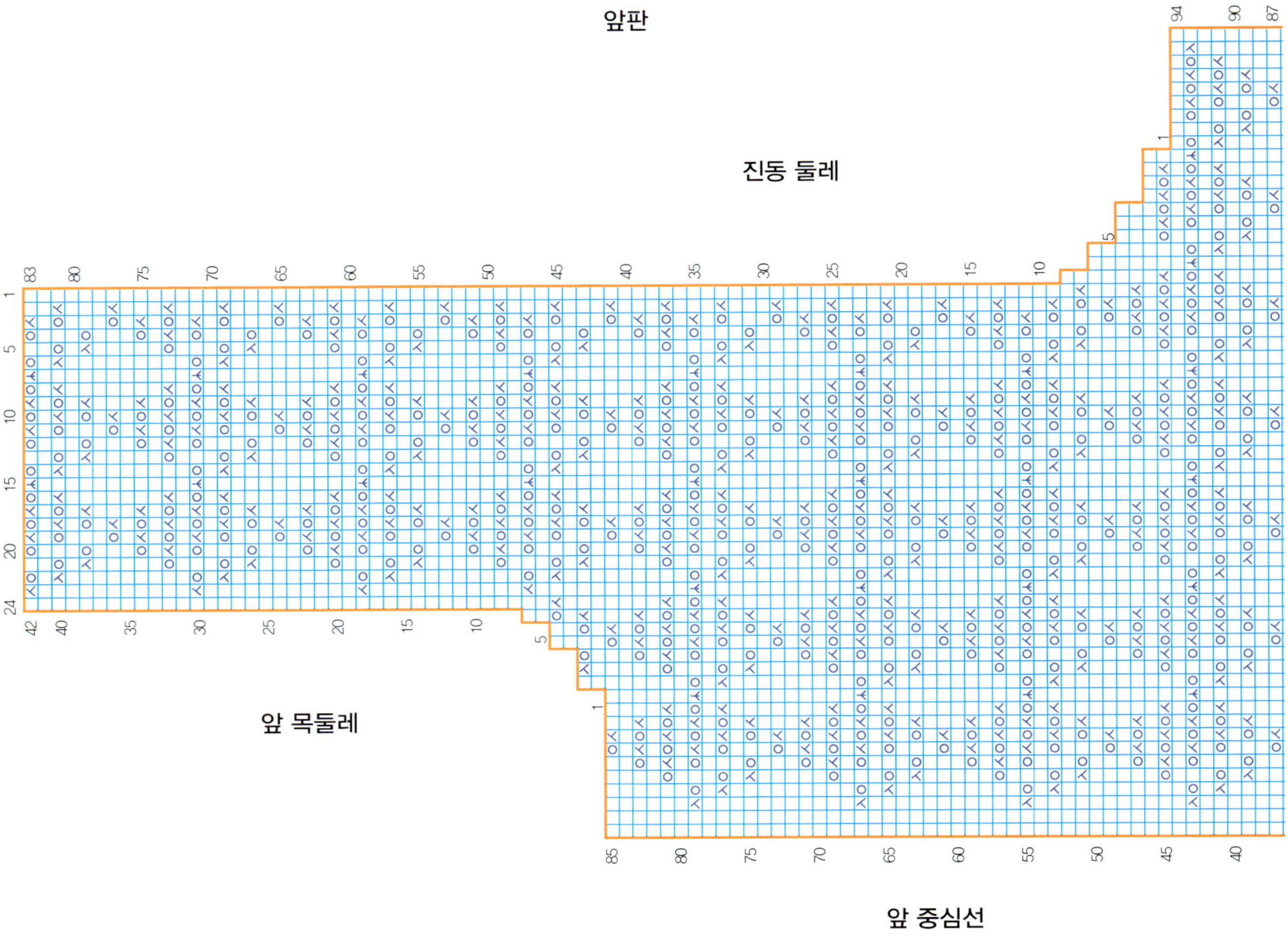

진동 둘레

앞 목둘레

앞 중심선

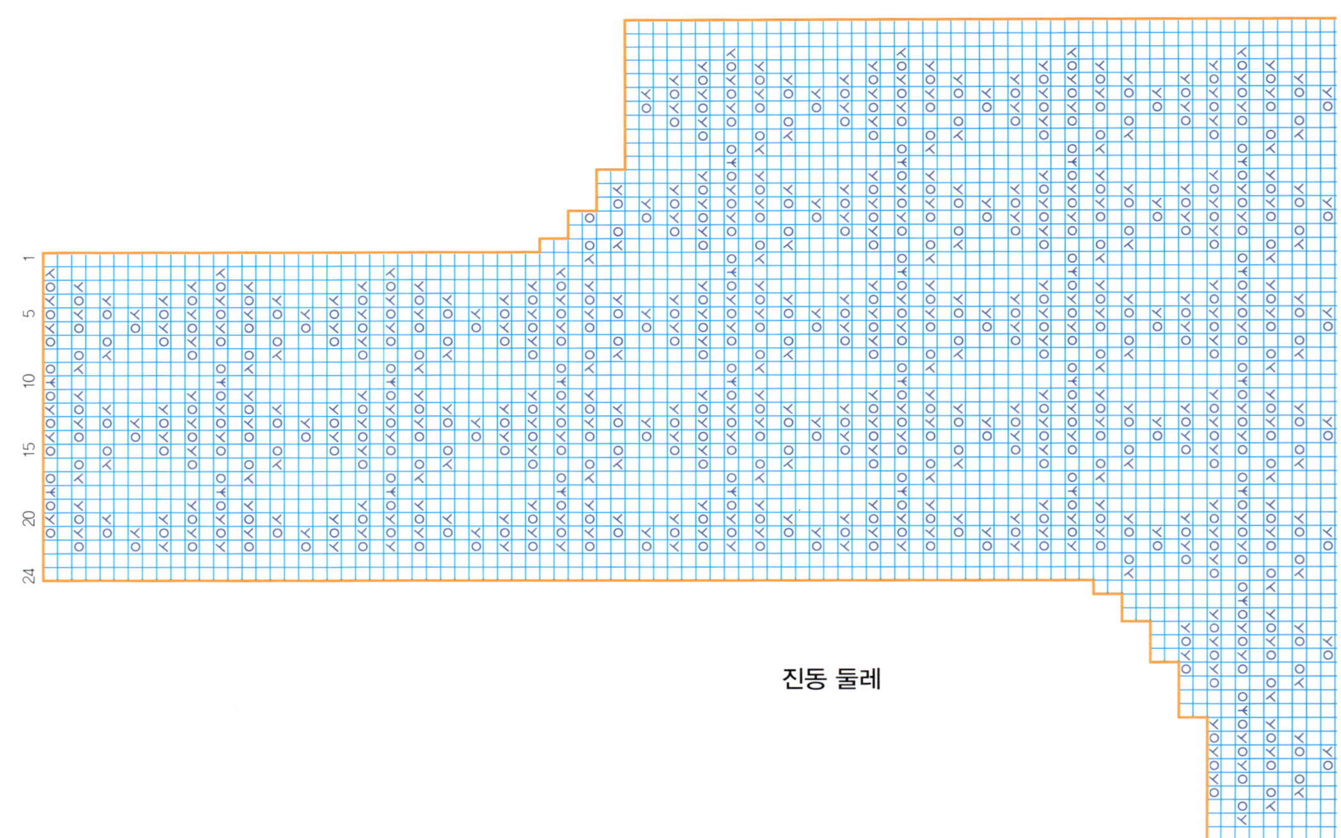

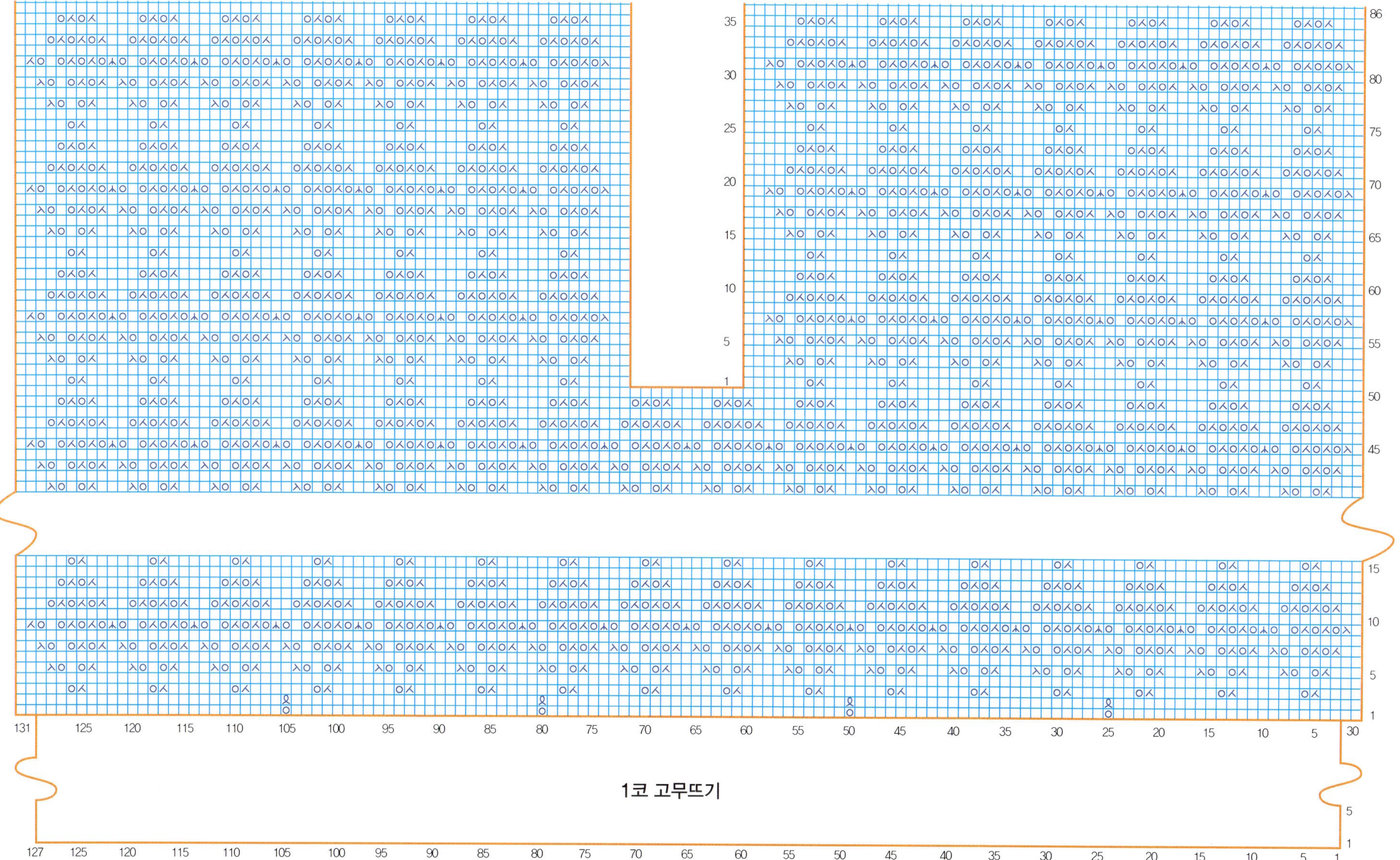

1코 고무뜨기

소매

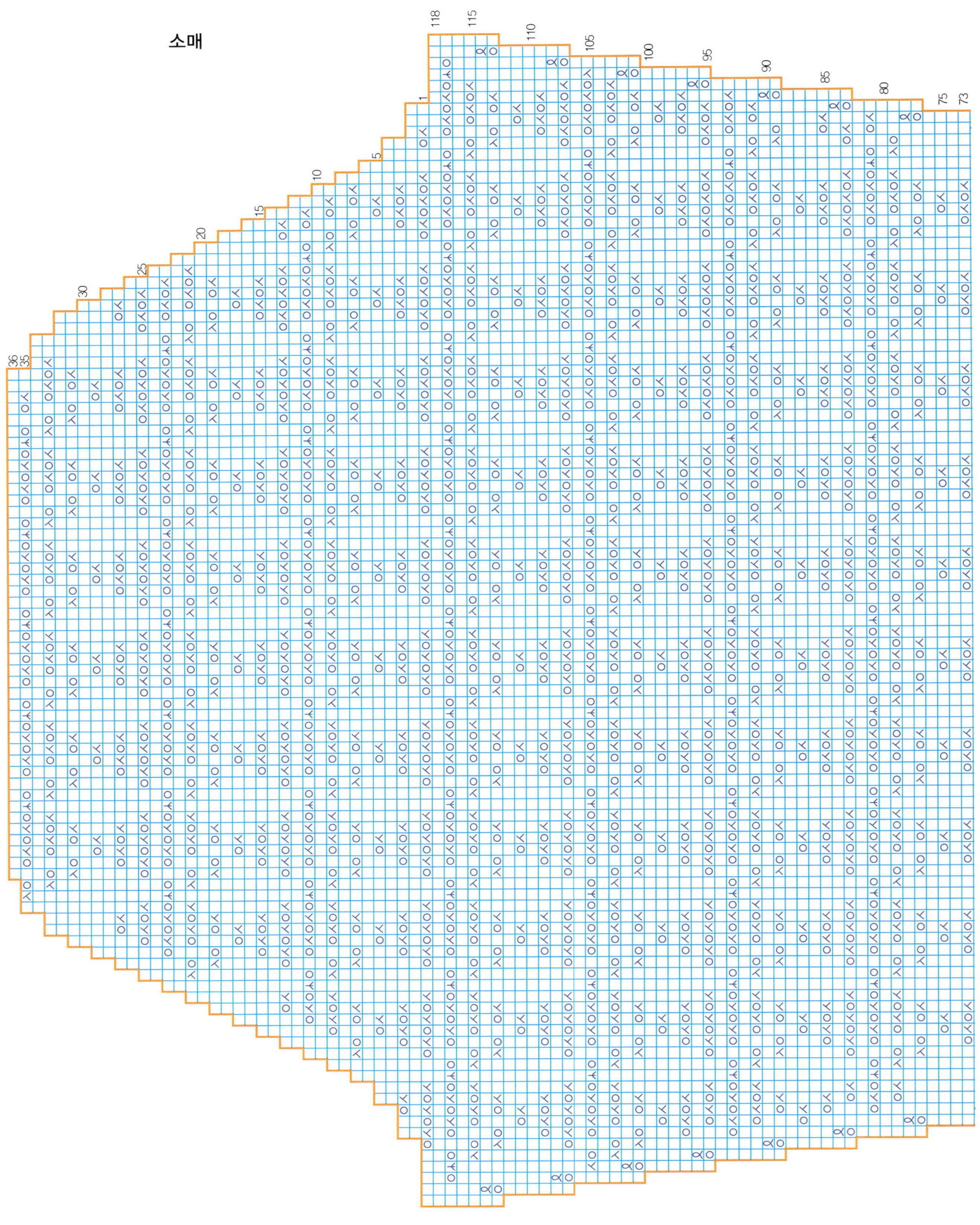

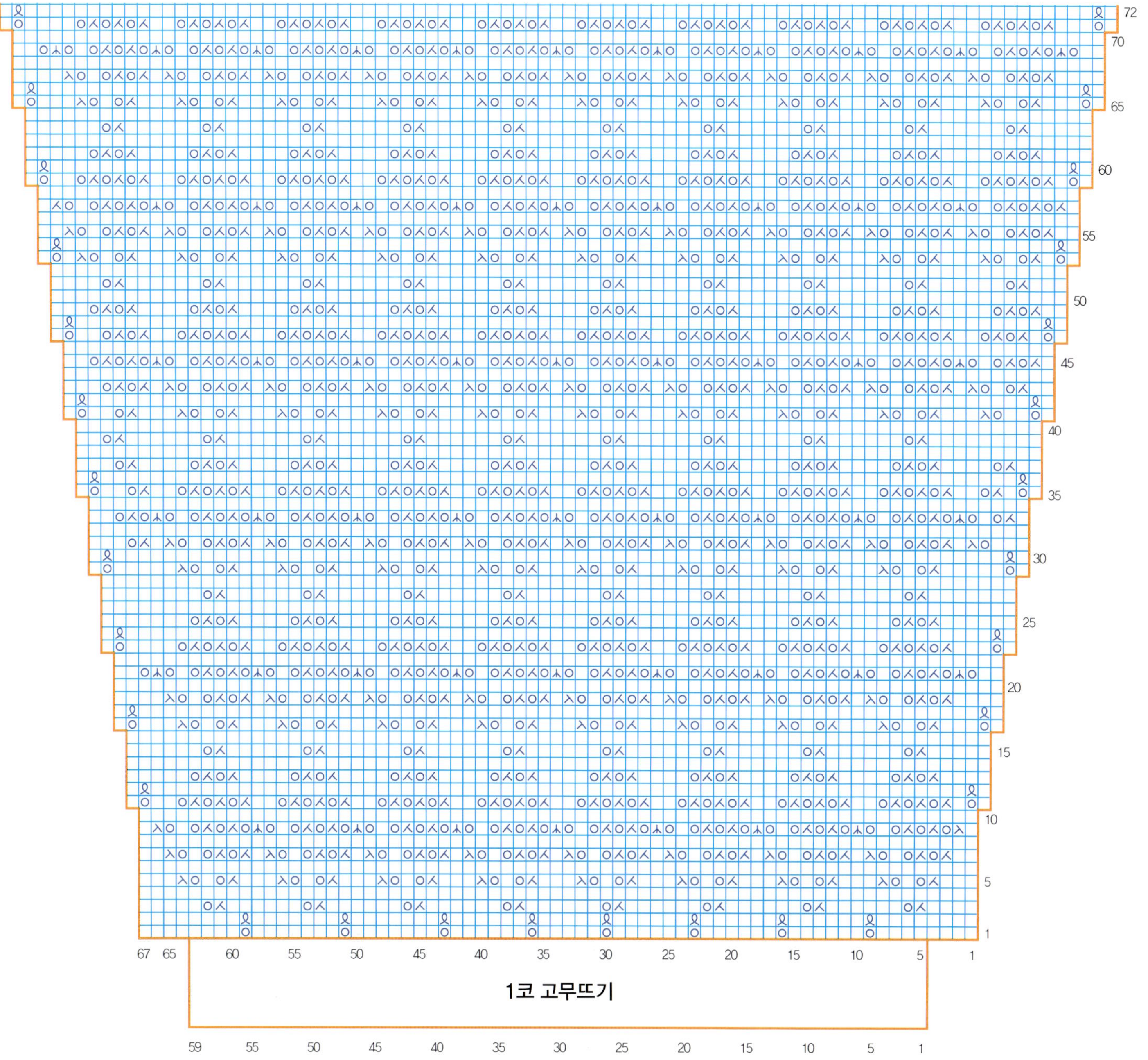
1코 고무뜨기

검은색 반팔 풀오버

완성 치수: 가슴둘레 105cm, 길이 13cm, 소매길이 46.5cm
재료 및 도구: 실 – tape사(검은색), 줄바늘 4mm, 모사용 코바늘 3호, 돗바늘
게이지(10cm x10cm): 25코 40단
작품 사진: 21쪽

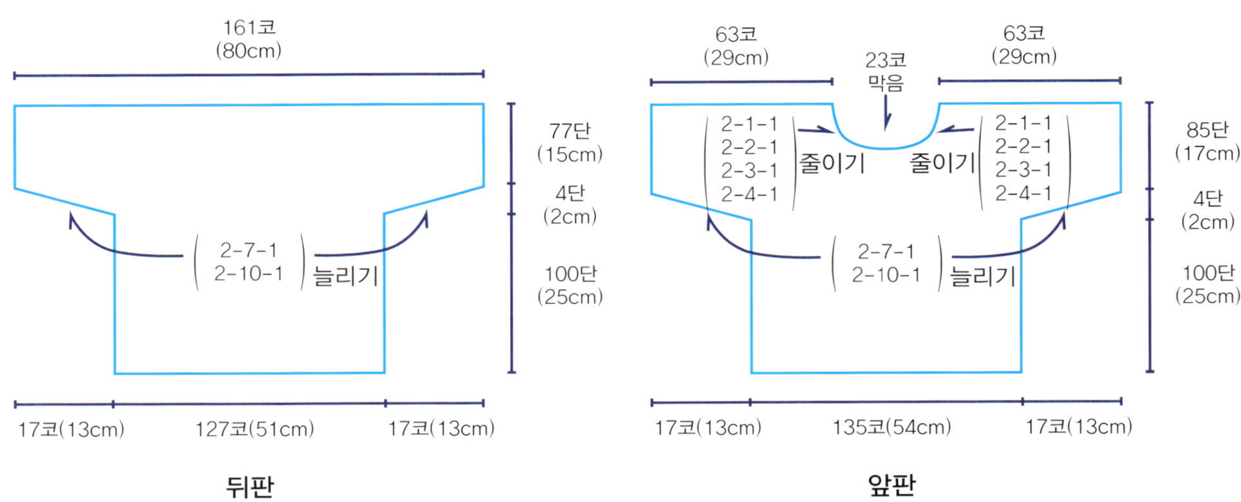

만드는 방법

뒤판

1. 4mm 줄바늘과 실을 이용해 기본코 127코를 만들어 주고 무늬뜨기 A 62무늬＋3코로 시작하여 100단을 뜬다.
2. 양옆 가장자리에 2단마다 10코, 7코 순으로 늘려 전체 콧수가 161코가 되게 하여 무늬뜨기를 한다.
3. 무늬뜨기 A 79무늬＋3코로 77단을 뜨고 마친다.

앞판

1. 4mm 줄바늘과 실을 이용해 기본코 135코를 만들어 주고 무늬뜨기 A 66무늬＋3코로 시작하여 100단을 뜬다.
2. 양옆 가장자리에 2단마다 10코, 7코 순으로 늘려 전체 콧수가 169코가 되게 하여 무늬뜨기를 한다.
3. 무늬뜨기 A 83무늬＋3코로 42단을 뜨고 앞 목둘레 코줄임을 한다.
4. 가운데 23코를 막음코하고 그 양옆을 각각 2단마다 4코, 3코, 2코, 1코씩 줄여 주고 평 35단을 뜨고 마친다.
5. 앞, 뒤판 어깨를 돗바늘로 꿰매고, 옆 솔기도 돗바늘로 꿰맨다

목단과 소맷단

1. 목둘레는 코바늘 3호로 짧은뜨기 135코를 뜬다. 무늬뜨기 B″를 뜬다.
2. 소맷단은 코바늘 3호로 짧은뜨기 85코를 뜬다. 무늬뜨기 B′를 뜬다.
3. 밑단은 코바늘 3호를 이용해 앞, 뒤 원통으로 짧은뜨기 264코를 뜬다. 무늬뜨기 B를 뜬다.

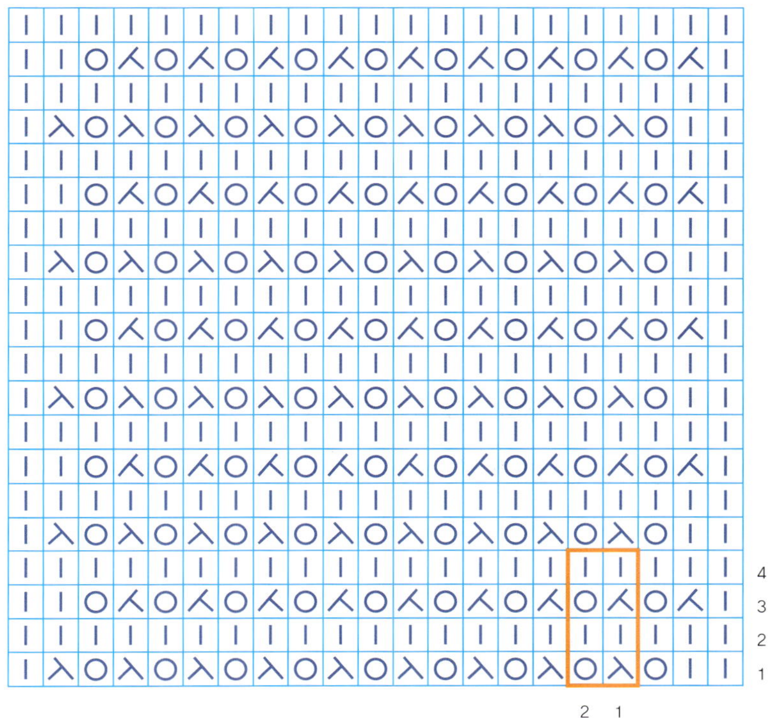

무늬뜨기 A(2코 4단 1무늬)

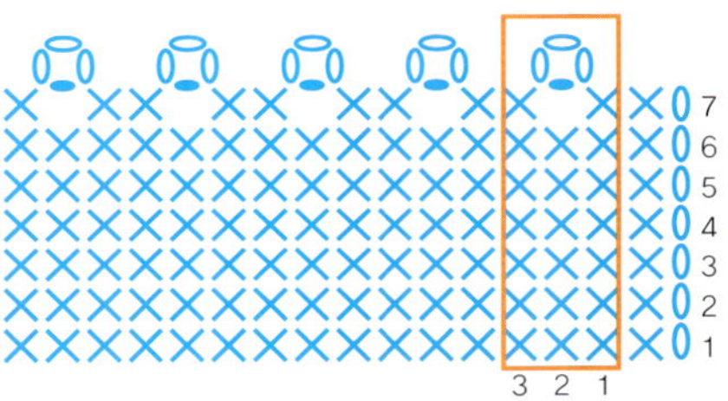

무늬뜨기 B(3코 7단 1무늬)

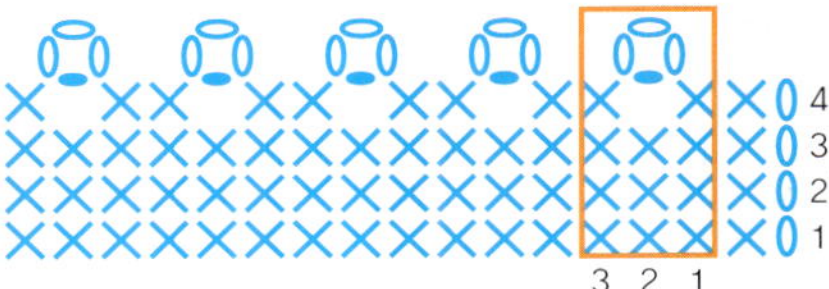

무늬뜨기 B´(3코 4단 1무늬)

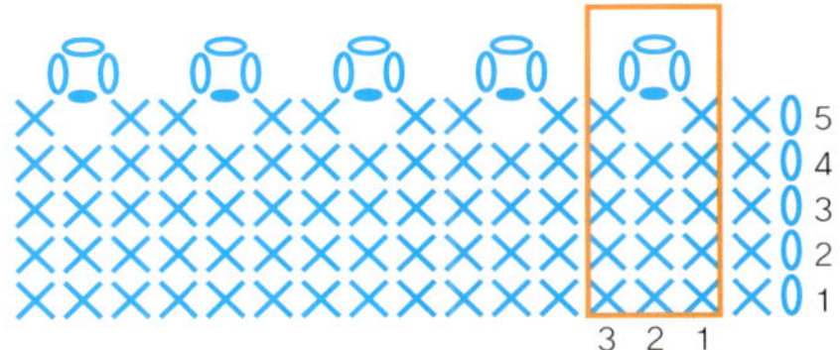

무늬뜨기 B˝(3코 5단 1무늬)

색동 베스트

완성 치수: 가슴둘레 120cm, 길이 62.5cm
재료 및 도구: 실 – 505(베이지, 핑크, 노랑, 연회색, 자주색, 진자주색), 줄바늘 5mm, 돗바늘, 단추 5개
게이지(10cm x10cm): 23코 27단
작품 사진: 22쪽

도안 1

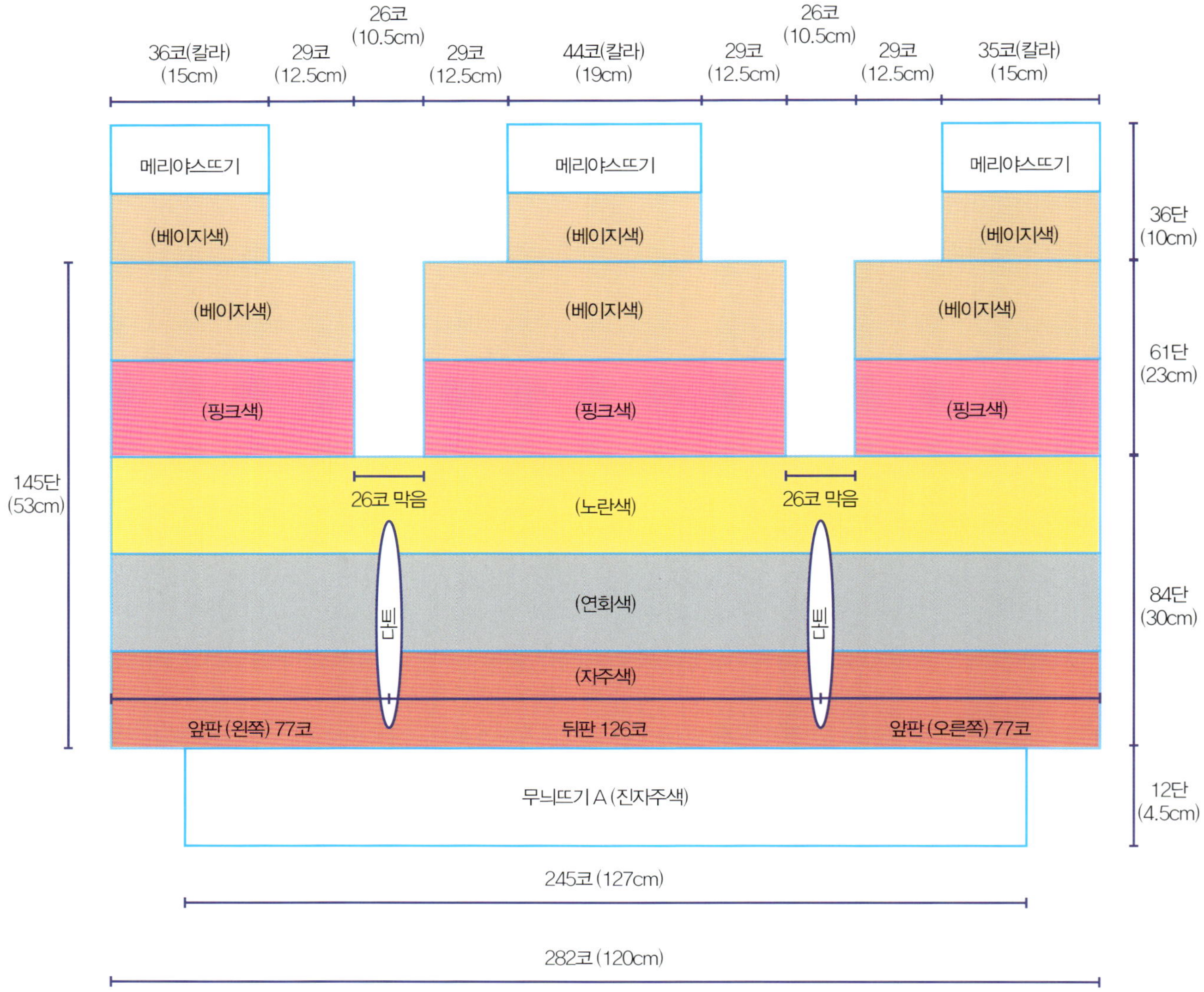

만드는 방법

1. 5mm 줄바늘과 진자주색 실을 이용해 흔들코 245코를 만들어 시작하고 무늬뜨기 A로 12단을 뜬다.
2. 자주색 실로 바꾸어 주고 35코를 늘려 282코가 되게 한다.
3. 도안 2를 참고하여 무늬뜨기를 한다.
4. 도안 1과 도안 2를 참고해 앞판(왼쪽) – 뒤판 – 앞판(오른쪽)으로 3등분하고 진동 둘레 부분의 26코를 각 막음코 처리해 준다. 앞판과 뒤판을 각각 뜬다.
5. 어깨코 각 29코를 앞, 뒤판에 맞추어 꿰매 주고, 목둘레코 114코는 몸판 무늬와 연결하여 18단 무늬를 뜨고 18단은 메리야스 뜨기로 뜬다.
6. 메리야스 부분은 안으로 접어 감침질해 주고, 앞 중심 속단은 각 10코씩을 메리야스뜨기로 밑단 부분까지 떠내려 간다.
7. 앞판(오른쪽) 부분에서 단춧구멍 위치는 속단과 연결하여 뜬다.
8. 속단도 돗바늘로 꿰매어 고정시켜 준다.
9. 소맷단은 5mm 줄바늘과 핑크색 실로 진동 둘레 부분에서 103코를 주워 무늬뜨기 A로 14단을 뜨고 돗바늘로 꿰매어 완성한다.
10. 몸판이 완성되면 왼쪽 앞 중심에 오른쪽 단춧구멍 위치에 맞추어 단추를 달아 준다.

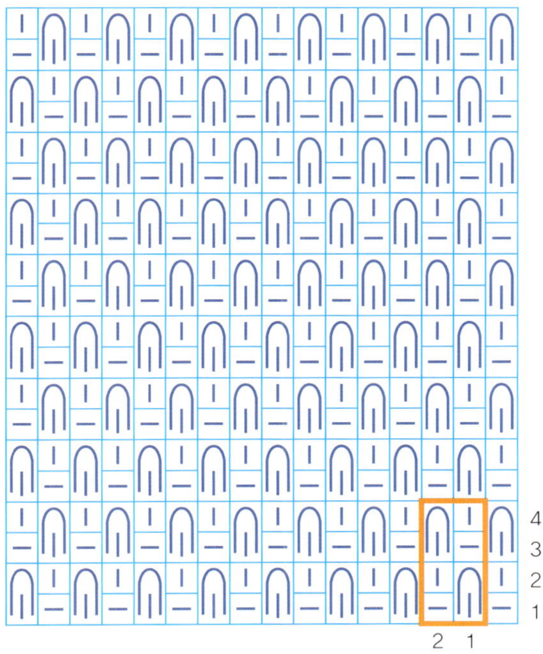

무늬뜨기 A (2코 4단 1무늬)

도안 2

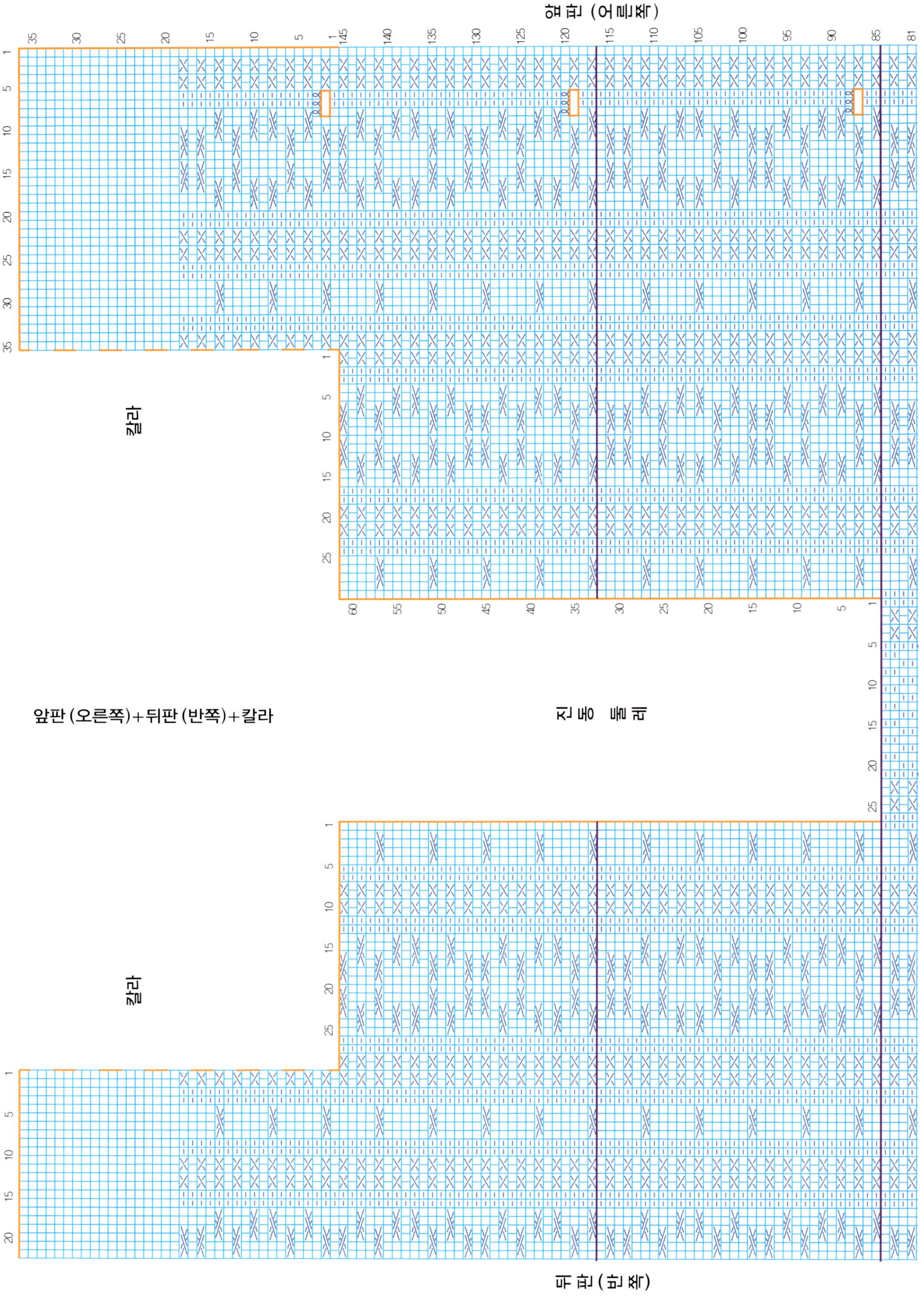

옆판 (어깨쪽)
칼라
앞판 (오른쪽)+뒤판 (반쪽)+칼라
진동 둘레
칼라
파판 (핀 쪽)

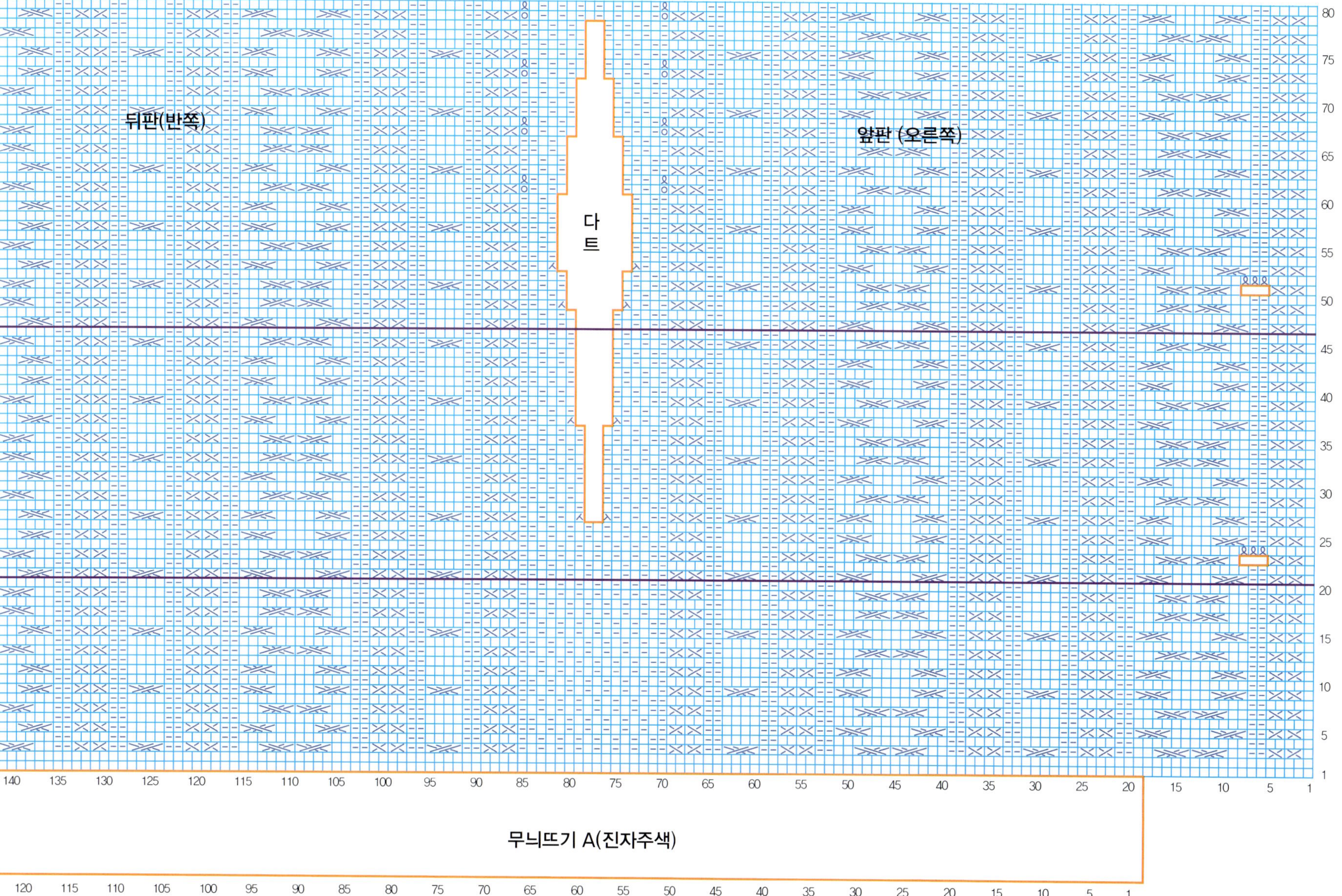

뒤판(반쪽)
앞판 (오른쪽)
다트
무늬뜨기 A(진자주색)

애플 쿠션

완성 치수: 36cm x 42cm
재료 및 도구: 실 – 505(파랑, 빨강, 연노랑, 녹색, 연두, 갈색) 2올,
줄바늘 6mm, 돗바늘, 지퍼 1개, 솜싸개, 솜
게이지(10cm x10cm): 13.5코 15.5단
작품 사진: 23쪽

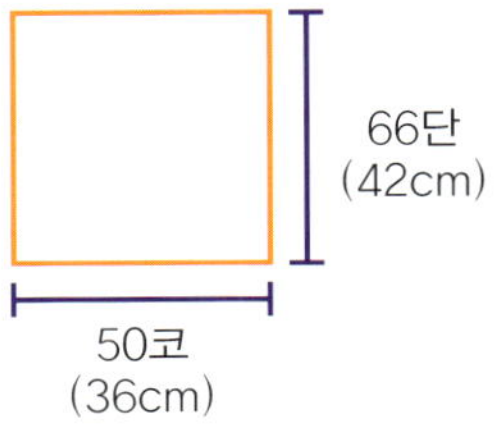

66단
(42cm)

50코
(36cm)

만드는 방법

1. 6mm 줄바늘과 실 2올로 기본코 50코를 만들고, 도안을 참고해 배색하며 메리야스뜨기를 한다.
2. 도안의 색 문양이 완성되면 파란색 2올로 메리야스뜨기 66단을 뜨고 접어서 옆 솔기를 돗바늘로 꿰매는데 한쪽은 지퍼를 달 수 있도록 트임을 준다.
3. 트임을 준 부분에 지퍼를 달고 솜을 넣은 솜싸개를 속에 넣어 쿠션을 완성한다.

아이스크림 쿠션

완성 치수: 35cm x 42cm

재료 및 도구: 실 – 505(빨간색, 파란색, 보라색, 황토색, 연노란색, 핑크색,
갈색) 2올, 줄바늘 6mm, 돗바늘, 지퍼 1개, 솜싸개, 솜

게이지(10cm x10cm): 14코 15.5단

작품 사진: 24쪽

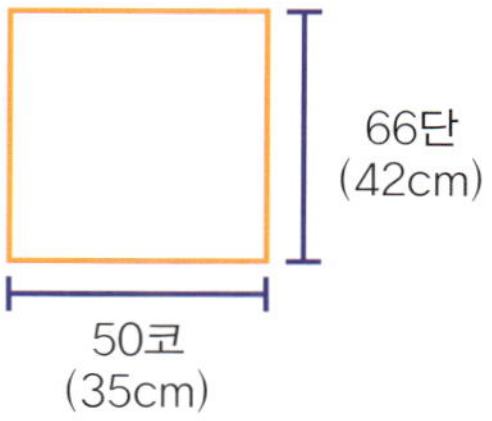

만드는 방법

1. 6mm 줄바늘과 실 2올로 기본코 50코를 만들고, 도안을 참고해 배색하며 메리야스뜨기를 한다.

2. 도안의 색 문양을 완성하면 빨간색 2올로 66단을 뜨고 접어 옆 솔기를 돗바늘로 꿰매는데 한쪽은 지퍼를 달 수 있도록 트임 해 준다.

3. 트임을 준 부분에 지퍼를 달고 솜을 넣은 솜싸개를 속에 넣어 쿠션을 완성한다.

돌고래 인형

완성 치수: 둘레 61cm, 길이 52cm, 높이 18cm
재료 및 도구: 실 – 로망(연보라, 흰색, 녹색, 회색), 모사용 코바늘 8호,
        돗바늘, 검정 단추 2개, 솜, 리본
작품 사진: 25쪽

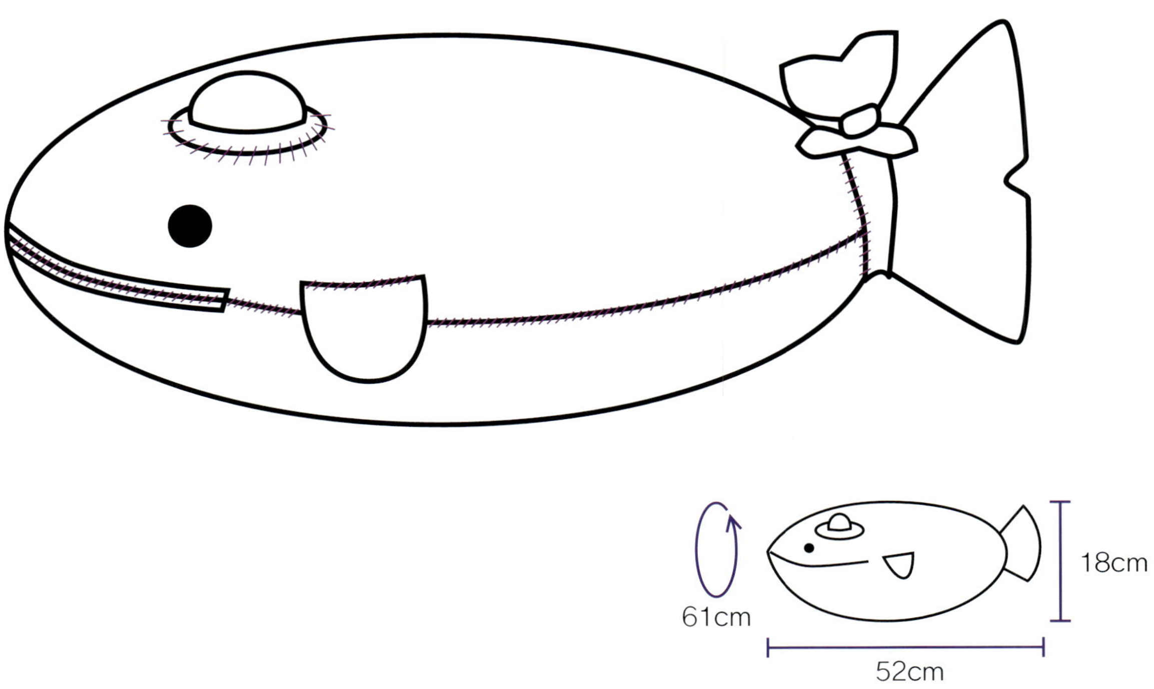

만드는 방법

1. 코바늘 8호와 흰색 실 9겹을 이용해 사슬 15코를 만들어 배 부분부터 뜨는데, 먼저 머리 부분이 'ㄷ'자 모양이 되도록 코를 늘리며 뜬다. (도안 1 참고)

2. 꼬리 부분은 76코로 시작해 양옆을 코줄임하여 모양을 잡아 준다. (도안 1 참고)

3. 배 모양이 완성되면 21단부터는 회색실 9겹으로 꼬리에서 시작해 한 바퀴를 짧은뜨기 해 준다. (도안 1 참고)

4. 등 부분은 도안 1에서 ☆로 표시된 부분을 시작점으로 짧은뜨기 32코, 사슬 50코를 뜨고 ●로 표시된 부분까지 짧은뜨기 한다.

5. 도안 2를 참고해 C 모양으로 평뜨기를 하고 코너 코줄임을 하여 머리 부분을 완성한다. 가운데 부분은 돗바늘로 감침질해 준다.

6. 등 부분 꼬리 쪽도 76코 짧은뜨기로 시작해 도안 2를 보고 코줄임하며 뜬다.

7. 도안 3을 보고 꼬리지느러미를 뜬다.

8. 도안 4를 보고 지느러미 2장을 뜬다.

9. 도안 5를 보고 모자를 뜬다.

10. 몸통은 입 부분을 빼고 꼬리 옆 솔기를 돗바늘로 꿰매 준다. 그리고 몸통에 솜을 넣고 입을 꿰맨다.

11. 꼬리지느러미에 솜을 넣고 몸통의 꼬리 부분에 감침질로 이어 준다.

12. 양 지느러미에 각각 솜을 넣고 몸통에 달아 준다.

13. 모자 속에도 솜을 넣고 머리 부분에 달아 준다.

14. 눈 위치에 검정 단추를 달아 주고, 꼬리지느러미 연결 부분에 예쁘게 리본을 묶어 장식해 마무리한다.

도안 1

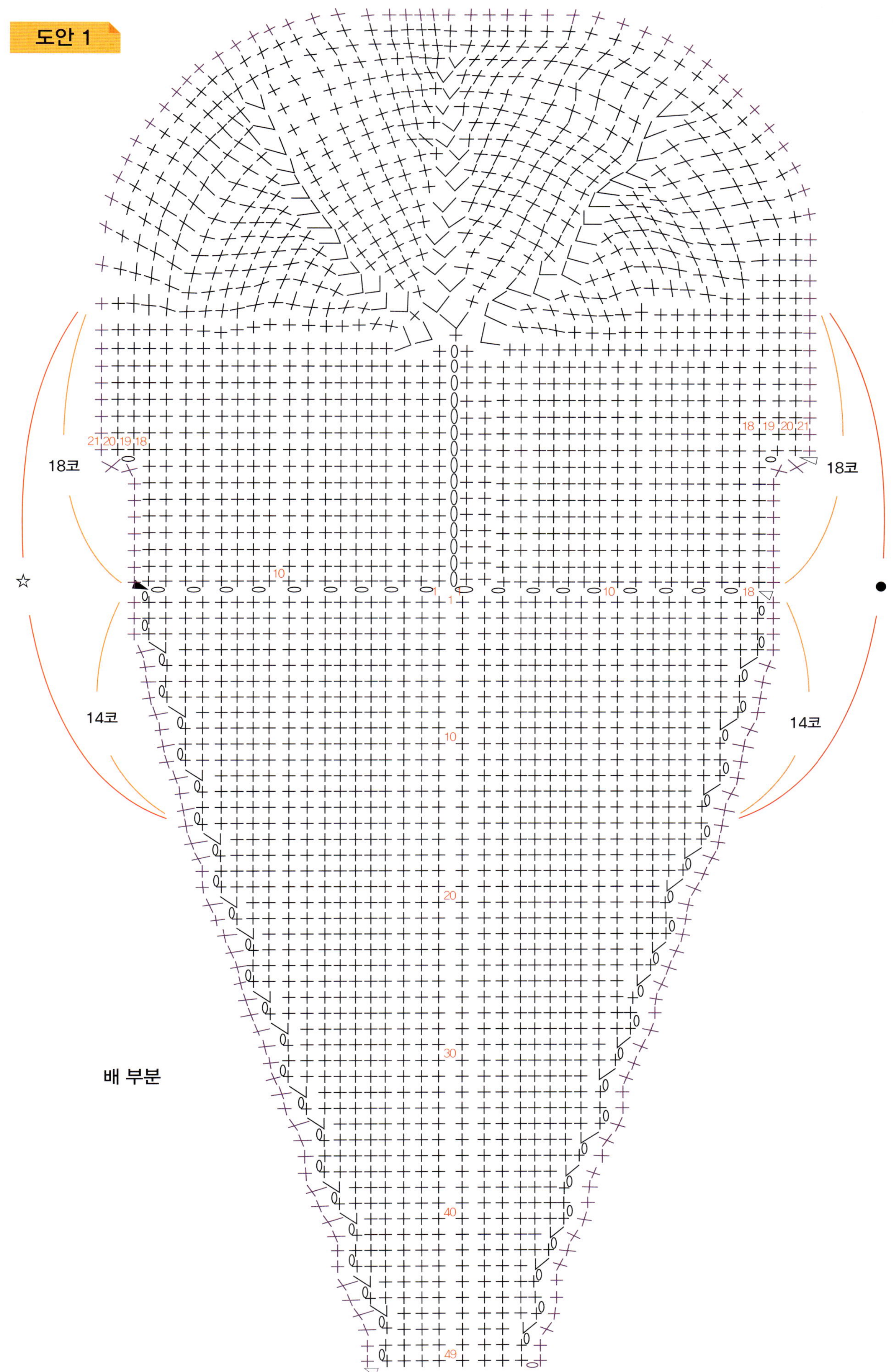
21,20,19,18
18,19,20,21
18코
18코
10
10
1
14코
14코
10
18
20
30
40
49
☆
●
배 부분

도안 2

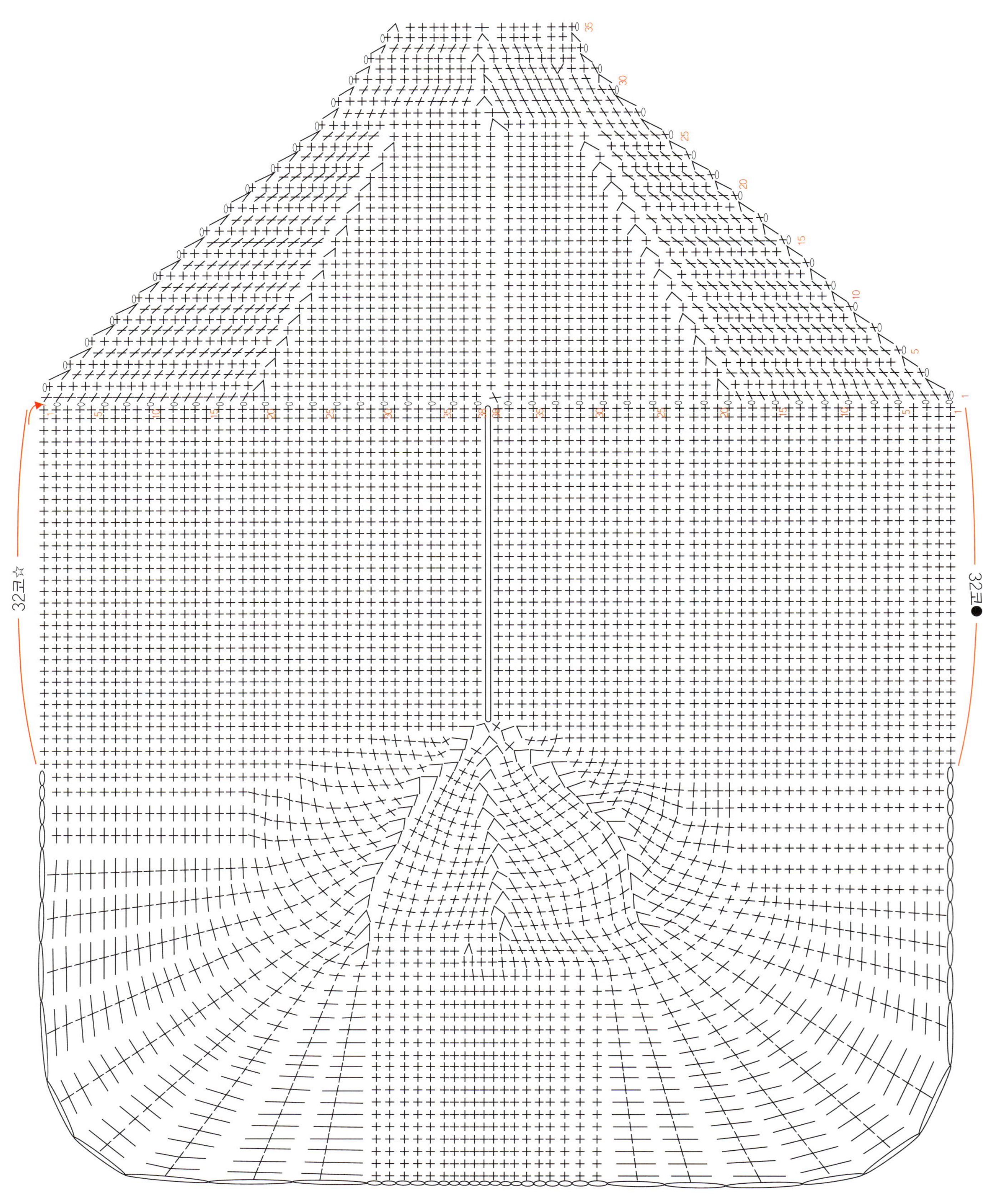
35
30
25
20
15
10
5
32코☆
32코●
등 부분

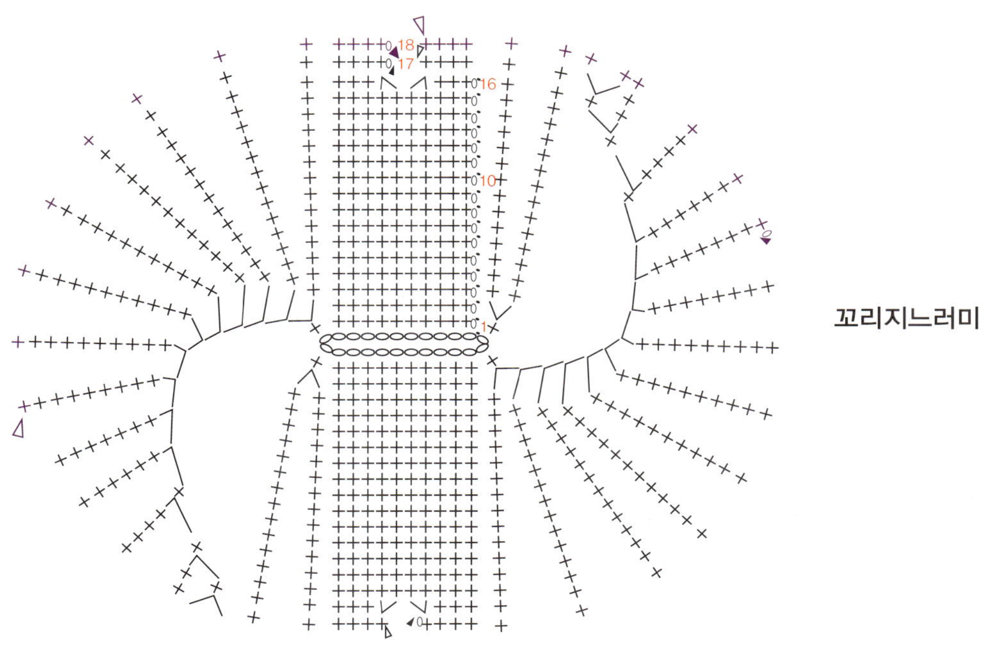

꼬리지느러미

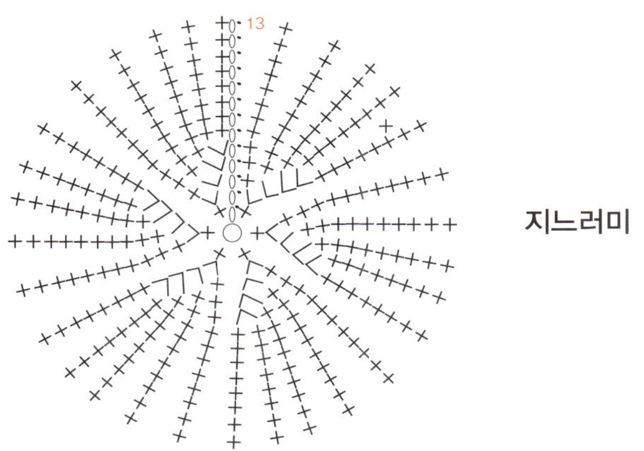

지느러미

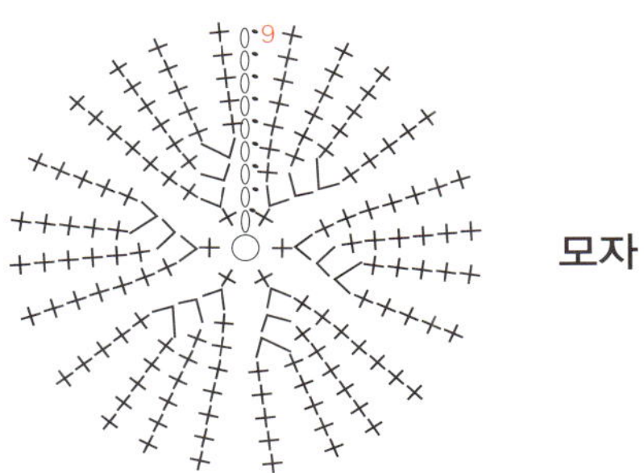

모자

손뜨개
나의 첫 선물

2018년 1월 10일 인쇄
2018년 1월 15일 발행

저자 : 임현지
펴낸이 : 남상호

펴낸곳 : 도서출판 예신
www.yesin.co.kr

(우)04317 서울시 용산구 효창원로 64길 6
대표전화 : 704-4233, 팩스 : 335-1986
등록번호 : 제3-01365호(2002.4.18)

값 14,000원

ISBN : 978-89-5649-141-7